高等学校网络空间安全专业系列教材

U0159613

密码学基础

张　薇　魏悦川　主编

西安电子科技大学出版社

内 容 简 介

本书内容涵盖了密码学基本概念、密码学的数学基础、分组密码、序列密码、公钥密码等基础知识以及密码学在实际应用中的各种问题，包括数字签名、消息认证、密钥管理等，还包含了近十年来的一些研究前沿，如可证明安全性理论、身份加密、量子密钥分发等。各章后均附有一定数量的习题。

本书内容全面，结构合理，讲述方式通俗易懂，可作为高等学校网络空间安全等相关专业的教材，也可供通信和信息网络安全工程技术人员参考阅读。

图书在版编目(CIP)数据

密码学基础/张薇,魏悦川主编. —西安：西安电子科技大学出版社，2022.7
ISBN 978 - 7 - 5606 - 6111 - 7

Ⅰ. ①密… Ⅱ. ①张… ②魏… Ⅲ. ①密码学—高等学校—教材 Ⅳ. ①TN918.1

中国版本图书馆 CIP 数据核字(2021)第 185210 号

策　　划　陈　婷
责任编辑　张　玮
出版发行　西安电子科技大学出版社(西安市太白南路 2 号)
电　　话　(029)88202421　88201467　　邮　　编　710071
网　　址　www.xduph.com　　　　电子邮箱　xdupfxb001@163.com
经　　销　新华书店
印刷单位　咸阳华盛印务有限责任公司
版　　次　2022 年 7 月第 1 版　2022 年 7 月第 1 次印刷
开　　本　787 毫米×1092 毫米　1/16　印张 10.5
字　　数　240 千字
印　　数　1～3000 册
定　　价　32.00 元
ISBN 978 - 7 - 5606 - 6111 - 7/TN

XDUP 6413001 - 1

* * * 如有印装问题可调换 * * *

高等学校网络空间安全专业系列教材
编审专家委员会

前　言

兵法有云：三军之事，莫重于密。密码是军队指挥保障的重要手段，有时甚至是战争胜败的关键。在今天这个万物互联的时代，密码不但应用于军事，也广泛应用于政治、外交、商业和其他领域，与每个人的工作、生活密切相关。事实上，密码已经成为国家网络空间安全的重要基石。

本书全面讲述密码学的基础知识，共 9 章。第 1 章介绍密码学基本概念和古典密码。第 2 章介绍学习密码学必备的数学基础知识，包括近世代数、初等数论和计算复杂性理论。第 3 章介绍分组密码，包括国际加密标准 DES 和 AES，以及我国第一个商用分组密码标准 SM4。第 4 章介绍序列密码，包括序列的随机性、伪随机数发生器和祖冲之序列密码算法等内容。第 5 章介绍公钥密码，包括公钥密码的原理和主要的公钥密码算法，包括 RSA、ElGamal、椭圆曲线、Rabin 以及 NTRU 等密码。第 6 章介绍数字签名的原理及主要签名算法。第 7 章在第 5 章的基础上，从理论与应用两方面对公钥密码做了进一步的讨论。第 8 章介绍消息认证和散列函数。第 9 章介绍密钥分配与密钥管理。

本书是编者在多年教学实践的基础上编写的。编者一直从事密码学和信息安全方面的教学科研工作，曾获全国职业教育教学竞赛二等奖和武警部队教学比武一等奖，主讲的本科生"计算机密码学"课程获评国家精品课程，负责建设的在线课程"趣谈密码"被评为武警部队优质在线课程。

本书的编写得到了武警工程大学密码工程学院领导的大力支持，并得到了贵州大学副校长马建峰教授和西安电子科技大学沈玉龙教授、李兴华教授的鼓励和帮助。此外，西安电子科技大学出版社陈婷编辑为本书的出版做了大量工作。编者在此一并表示衷心的感谢！

由于水平有限，书中难免存在不足之处，敬请读者批评指正。

编　者

2022 年 1 月

目　　录

第1章　密码学概述 …………………………………………………………………… 1

1.1　密码的起源与发展 ……………………………………………………………… 1

1.2　密码学的基本概念 ……………………………………………………………… 2

1.3　古典密码 ………………………………………………………………………… 3

　1.3.1　单表代替 …………………………………………………………………… 3

　1.3.2　多表代替 …………………………………………………………………… 5

　1.3.3　多字母代替 ………………………………………………………………… 6

　1.3.4　置换密码 …………………………………………………………………… 7

1.4　现代密码 ………………………………………………………………………… 8

1.5　密码分析 ………………………………………………………………………… 9

习题 ……………………………………………………………………………………… 9

第2章　密码学的数学基础 ………………………………………………………… 11

2.1　近世代数基础 …………………………………………………………………… 11

　2.1.1　群 …………………………………………………………………………… 11

　2.1.2　置换群与凯莱定理 ………………………………………………………… 13

　2.1.3　环与域 ……………………………………………………………………… 14

　2.1.4　有限域上的多项式 ………………………………………………………… 14

2.2　初等数论 ………………………………………………………………………… 15

　2.2.1　欧几里得算法 ……………………………………………………………… 15

　2.2.2　费马定理和欧拉定理 ……………………………………………………… 18

　2.2.3　中国剩余定理 ……………………………………………………………… 19

　2.2.4　素数的检测 ………………………………………………………………… 21

2.3　计算复杂性理论 ………………………………………………………………… 24

　2.3.1　问题、算法与时间复杂性 ………………………………………………… 24

　2.3.2　P 与 NP …………………………………………………………………… 26

　2.3.3　公钥密码中的常用困难问题 ……………………………………………… 27

习题 ……………………………………………………………………………………… 29

第3章　分组密码 …………………………………………………………………… 31

3.1　分组密码的设计要求与结构特征 ……………………………………………… 31

　3.1.1　分组密码的设计要求 ……………………………………………………… 31

　3.1.2　分组密码的结构特征 ……………………………………………………… 33

    3.1.3　分组密码的工作模式 ……………………………………………… 34

  3.2　数据加密标准(DES) ………………………………………………… 35

    3.2.1　DES 的历史 ………………………………………………………… 35

    3.2.2　DES 算法细节 ……………………………………………………… 35

    3.2.3　DES 的安全性 ……………………………………………………… 42

  3.3　高级加密标准(AES) ………………………………………………… 45

    3.3.1　AES 背景及算法概述 ……………………………………………… 45

    3.3.2　AES 算法细节 ……………………………………………………… 46

    3.3.3　AES 性能分析 ……………………………………………………… 49

  3.4　商用分组密码标准 SM4 ……………………………………………… 50

    3.4.1　加密算法 …………………………………………………………… 51

    3.4.2　解密算法 …………………………………………………………… 52

    3.4.3　密钥扩展算法 ……………………………………………………… 53

    3.4.4　SM4 的安全性 ……………………………………………………… 53

  习题 ………………………………………………………………………… 54

第4章　序列密码 …………………………………………………………… 55

  4.1　序列的随机性 ………………………………………………………… 55

    4.1.1　随机性的含义 ……………………………………………………… 55

    4.1.2　伪随机数发生器 …………………………………………………… 57

  4.2　序列密码的基本概念 ………………………………………………… 59

  4.3　线性反馈移位寄存器与 m 序列 …………………………………… 61

    4.3.1　线性反馈移位寄存器 ……………………………………………… 61

    4.3.2　移位寄存器的周期及 m 序列 …………………………………… 62

    4.3.3　B－M 算法与序列的线性复杂度 ………………………………… 64

  4.4　祖冲之序列密码算法(ZUC 算法) ………………………………… 66

    4.4.1　ZUC 算法中的符号含义 ………………………………………… 66

    4.4.2　ZUC 算法的结构 ………………………………………………… 66

    4.4.3　ZUC 算法的运行 ………………………………………………… 71

  习题 ………………………………………………………………………… 71

第5章　公钥密码 …………………………………………………………… 73

  5.1　公钥密码的原理 ……………………………………………………… 73

    5.1.1　公钥密码的基本思想 ……………………………………………… 73

    5.1.2　陷门单向函数 ……………………………………………………… 74

    5.1.3　Diffie-Hellman 密钥交换协议 …………………………………… 75

  5.2　背包密码 ……………………………………………………………… 75

　　5.2.1　超递增背包问题 ·· 75

　　5.2.2　背包加密实例 ·· 76

　　5.2.3　Merkle-Hellman 背包公钥密码 ······················· 77

5.3　RSA 密码 ··· 78

　　5.3.1　RSA 密码的构造 ·· 79

　　5.3.2　RSA 密码的实现及应用 ····································· 79

　　5.3.3　RSA 密码的安全性 ·· 80

　　5.3.4　RSA 密码的参数选择 ··· 81

5.4　其他类型的公钥密码 ·· 83

　　5.4.1　ElGamal 密码 ··· 83

　　5.4.2　椭圆曲线密码 ·· 84

　　5.4.3　Rabin 密码 ··· 87

　　5.4.4　NTRU 密码 ·· 87

习题 ··· 89

第 6 章　数字签名 ·· 92

6.1　数字签名概述 ··· 92

　　6.1.1　数字签名的基本概念 ·· 92

　　6.1.2　数字签名的应用 ·· 93

　　6.1.3　数字签名的分类 ·· 93

　　6.1.4　数字签名的原理 ·· 94

6.2　标准化的数字签名算法 ·· 95

　　6.2.1　RSA 签名算法 ··· 96

　　6.2.2　DSA 签名算法 ··· 97

　　6.2.3　ECDSA 签名算法 ··· 98

　　6.2.4　SM2 数字签名算法 ··· 100

6.3　盲签名 ·· 101

　　6.3.1　盲签名的原理 ·· 101

　　6.3.2　盲签名算法 ·· 103

　　6.3.3　盲签名的主要应用——匿名电子投票 ··················· 104

习题 ··· 105

第 7 章　公钥密码的进一步讨论 ··· 107

7.1　实际中的攻击 ··· 107

　　7.1.1　中间人攻击 ·· 107

　　7.1.2　针对 RSA 密码的中间相遇攻击 ··························· 108

7.2　公钥密码的可证明安全性 ··· 109

    7.2.1　可证明安全性概述 ……………………………………… 109

    7.2.2　攻击模型 ……………………………………………………… 110

    7.2.3　确定型加密的不安全因素 ………………………………… 114

  7.3　身份加密与属性加密 …………………………………………… 116

  习题 ……………………………………………………………………… 118

第8章　消息认证和散列函数 ……………………………………… 119

  8.1　消息认证 …………………………………………………………… 119

    8.1.1　消息认证概述 ……………………………………………… 119

    8.1.2　消息认证码(MAC) ………………………………………… 121

  8.2　散列函数 …………………………………………………………… 123

  8.3　MD5 算法 ………………………………………………………… 127

    8.3.1　MD5 简介 …………………………………………………… 127

    8.3.2　MD5 的安全性 ……………………………………………… 131

  8.4　SHA－1 算法 ……………………………………………………… 131

    8.4.1　SHA 简介 …………………………………………………… 131

    8.4.2　SHA－1 描述 ………………………………………………… 131

    8.4.3　SHA－1 举例 ………………………………………………… 133

  8.5　SM3 杂凑算法 …………………………………………………… 139

    8.5.1　SM3 杂凑算法简介 ………………………………………… 139

    8.5.2　SM3 杂凑算法的特点与安全性 …………………………… 142

  习题 ……………………………………………………………………… 143

第9章　密钥管理 ……………………………………………………… 144

  9.1　对称密码的密钥管理 …………………………………………… 144

    9.1.1　密钥分配的基本方法 ……………………………………… 144

    9.1.2　用公钥密码分配对称密码的密钥 ………………………… 144

  9.2　公钥密码的密钥管理 …………………………………………… 145

    9.2.1　公钥分配的基本方法 ……………………………………… 145

    9.2.2　公钥基础设施 ……………………………………………… 147

  9.3　秘密共享 …………………………………………………………… 150

    9.3.1　秘密共享与门限方案 ……………………………………… 150

    9.3.2　Shamir 门限方案 …………………………………………… 151

    9.3.3　Blakley 门限方案 …………………………………………… 152

  9.4　量子密钥分发 …………………………………………………… 153

  习题 ……………………………………………………………………… 157

参考文献 ……………………………………………………………… 158

第 1 章　密码学概述

1.1　密码的起源与发展

密码的起源可追溯至距今 5000 年前的古代埃及。那里的人们对于死亡有着深刻的认识，他们坚信人死后会去另一个世界，所以不惜代价地厚葬死者。不但葬礼十分体面，还会在墓碑上刻下一些奇怪的符号。这些符号不同于当时使用的象形文字，而更像是对象形文字加了密。据说这样的墓志铭可以让过往行人在墓前停留更长的时间，猜测这些神秘文字究竟是什么意思。与表达清晰、通俗直白的语句相比，花点心思猜出来的内容自然更加令人难忘，从而为死者祝福的目的也就达到了。无论墓志铭的内容有多么精彩，数千年来它们都与其主人一同沉睡在地下。直到 1799 年，拿破仑的军队占领埃及，在埃及港口罗塞塔意外地挖到一块刻着奇怪文字的大石头。后来随着法军被英军战败，该石被运往大英博物馆保存，其上的文字则被法国语言学家让·弗朗索斯·商博良(Jean-Francois Champollion)所破译。这块石头今天被称为罗塞塔石碑，碑文是古埃及国王托勒密五世的登基诏书。

埃及人刻在石碑上的文字算是密码的一种雏形，它们是为死后的世界服务的，充满了神秘色彩，但真正的用途并非保护信息。

第一个有记载的密码来自希罗多德的《历史》，其中记载了大约公元前 500 年古代斯巴达人发明的天书(Scytale)。中国古代的密码可以追溯至 3000 多年前，《太公六韬·龙韬·阴符》中记载了在周伐商的战争中，如何使用"阴符"来保护军事情报。

密码最重要的应用领域就是保密通信。《辞海》中这样定义密码："按特定的法则编成，用于将明的信息变换为密的或将密的信息变换为明的，以实现秘密通信的手段。"然而今天密码的用途已经远远超出了保密通信，它是信息保密、数字签名、认证、访问控制等应用的基础。

2020 年 1 月，《中华人民共和国密码法》正式生效，其中对密码做出了这样的定义："是指采用特定变换的方法对信息等进行加密保护、安全认证的技术、产品和服务。"这个定义不但强调了密码要对信息进行变换，还指出了密码的用途，密码可以用于加密保护和安全认证，它的具体形式是技术、产品和服务。

密码学是研究编制密码和破译密码的技术科学，其发展大体上可分为两个阶段，即古典密码阶段和现代密码阶段。

虽然密码应用于战争已有数千年的历史，但是在 1949 年以前，人们大多还是凭直觉来设计密码。这个时期的密码被称为古典密码，它更像是一门艺术，缺乏科学的理论来支撑。1883 年，荷兰密码学家 Kerkhoff 深入研究了密码在战争中的应用，提出了著名的

Kerkhoff 准则：密码算法的安全性完全寓于密钥之中。这个准则的提出使人们意识到，一个真正安全的密码，其算法应该是公开的。

1949 年，信息论的奠基人 C. E. Shannon 发表了题为 *Communication Theory of Secrecy System*（保密系统的通信理论）的文章。在这篇划时代的文章中，Shannon 对保密通信过程中的各个要素进行定量分析，并用信息论的观点，引入信源熵、多余度和唯一解距离等概念；同时 Shannon 指出了密码系统理论保密的条件，并证明了一次一密是唯一一种理论上保密的密码；他提出现代密码设计的两个准则：混乱和扩散。这篇文章在密码学发展史上具有里程碑般的作用，它标志着古典密码进化为现代密码，密码学开始成为一门真正的科学。

密码学发展史上的另一个里程碑是 1976 年美国密码学家 Diffe 和 Hellman 发表的论文 *New Directions in Cryptography*（密码学的新方向），其中创造性地提出了公钥密码的思想，公钥密码与传统密码有着本质区别。基于这种思想，人们构造了各种公钥密码体制，并将其应用于网络信息加密、签名和认证。

密码学在理论上的发展为其应用奠定了基础，今天，密码学已经成为与通信、计算机和微电子等技术紧密结合的一门综合性学科。除了保密通信之外，密码学在其他领域的应用也越来越广泛，它被应用于电子商务、电子政务、网上银行、无线通信等各个领域，成为现代网络空间安全的基础。

1.2　密码学的基本概念

密码学（Cryptology）是研究信息系统安全保密的科学，包括密码编码学和密码分析学。密码编码学（Cryptography）主要研究如何对信息进行加密，密码分析学（Cryptanalytics）主要研究加密信息的破译。

密码技术主要在以下几个方面保证数据的安全：

（1）机密性：保护信息不能被未经授权的人阅读。

（2）完整性：保证信息在传输过程中未被窜改。

（3）不可否认性：防止发送方和接收方否认曾发送或接收过某条消息。

密码的主要作用是隐藏消息的内容，它不同于隐写术（Staganography）。虽然后者在很长一段时间内也被当成是密码，但隐写的主要目的是隐藏消息的存在，比如使用隐写墨水，或者在图像中隐藏文字信息等，它对消息本身不做任何改变。密码则需要对消息进行某种变换，使其不同于原始消息，这个变换的过程就是加密。因此，密码的本质就是变化，把原始信息（也叫明文）变成密文。

一个密码系统可以表示为一个五元组 (M, C, K, E, D)，其中：

（1）M 是所有可能的明文集合，称为明文空间；

（2）C 是所有可能的密文集合，称为密文空间；

（3）K 是所有可能的密钥集合，称为密钥空间；

（4）E 为加密算法，D 为解密算法，且满足对任意 $k \in K$，存在加密算法 E_k 和解密算

法 D_k，使得对任意 $m \in M$，有 $D_k(E_k(m)) = m$。

密码系统的一般模型如图 1-1 所示。

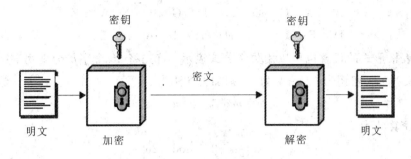

图 1-1 密码系统的一般模型

在实际的保密通信过程中，通常还存在一个破译者，他能截获到信道上传输的所有消息，并试图破译明文和密钥。同时破译者还可能对消息传输进行干扰，窜改密文甚至破坏信道。保密通信系统的模型如图 1-2 所示。

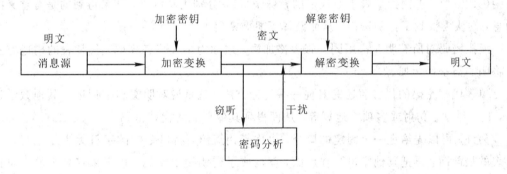

图 1-2 保密通信系统的模型

1.3 古典密码

古典密码历经了数千年的发展，在长期的战争实践中，古人运用自己的聪明才智，设计了各种密码，比如掩格密码、棋盘密码、天书、凯撒密码等。这些密码呈现出极丰富的形式，但是如果我们透过表面形态探索其本质，会发现所有的古典密码，基本上只采用了两种方法来加密信息，即代替(Substitution)和置换(Permutation)。

代替与置换是两种最基本的加密方法。代替是指把明文中的字符替换为其他字符，置换则指打乱明文字符的排列方式。这两种方法可以在一定程度上掩盖明文信息内容。所有的古典密码都是利用代替或置换或两种方法的混合来加密的。

1.3.1 单表代替

代替密码的加密过程可以用一张表格来表示，这张表叫作代替表。一个典型例子是古罗马皇帝尤里乌斯·凯撒(Julius Caesar)发明的凯撒密码，它的加密方法是把每个字母用

字母表中其后的第 n 个字母来代替。

当 $n=3$ 时，代替规则如下：

明文字母：　　A　B　C　D　E　F　G … X　Y　Z

密文字母：　　D　E　F　G　H　I　J … A　B　C

这种表格形式的代替也可以用数学公式表示，首先将 26 个字母分别用数字 0～25 表示，设明文为 m，密钥为 k，密文为 c，则加密算法为

$$c = m + 3 \mod 26$$

相应的解密算法为

$$m = c - 3 \mod 26$$

例 1-1　设明文为 Caesar cipher is a shift substitution，利用凯撒密码加密，得到的密文为

FDHVDU FLSKHU LV D VKLIW VXEVWLWXWLRQ

对于凯撒密码，当密文已知时，可以用穷举法来破译。破译者只需要穷举所有可能的密钥(共 26 个，密钥为 0 属于不加密的特殊情形)，分别用其解密，如果得到的是有意义的消息，则认为找到了正确密钥，从而破译了凯撒密码。

凯撒密码对所有明文都用同一张表格加密，这称为单表代替密码。代替表的构造方法是将明文与密钥相加。

单表代替密码的代替表还有其他一些构造方法，就是说对明文和密钥进行其他数学运算，比如乘法、仿射或多项式运算等，从而得到其他形式的代替密码。

另外，可以先给定一个固定的口令，也称密钥短语，将口令中的字符无重复地写在字母表的最前面，再把其他字母写在后面，就构成了密钥短语密码。接下来将余下的字符按顺序排列，最后将它们和明文字母建立一一对应的关系。

例 1-2　设密钥短语为 password，则代替表为

明文	A	B	C	D	E	F	G	H	I	J	K	L	M	N	…	Y	Z
密文	P	A	S	S	W	O	R	D	B	C	E	F	G	H	I	…	Y	Z

凯撒密码的密钥只有 26 种可能性，很容易通过穷举搜索法破译。对于一般的单表代替，可以计算出其代替表数量为 $26! \approx 4 \times 10^{26}$，这个密钥空间是非常大的，可以抵抗穷举攻击。然而，由于自然语言中各个字母的使用频率不同，因此为单表代替的破译提供了线索。

破译单表代替的一般方法是统计分析法，也就是通过统计密文字母的频率来破译。这基于一个事实，即自然语言中各个字母的使用频率是不同的。比如英文单个字母的使用频率如图 1-3 所示。从中可以看出，字母"e"的使用频率最高，还有一些高频字母，如"a""i""n""o""r""t"，而字母"z"的使用频率最低。在破译密码时，先统计出密文中每个字母出现的频率，再对照图 1-3，当密文消息足够长时，就可找到相应的匹配字母。为提高破译的准确性，也可以进一步统计多字母组合的使用频率。

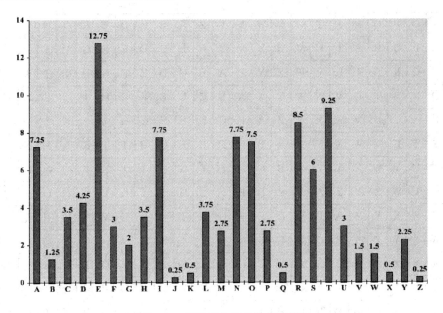

图 1 - 3　单个英文字母的使用频率

1.3.2　多表代替

为了对抗统计分析，人们设计了多表代替密码，就是用多个（两个以上）代替表依次对明文消息的字母进行加密，从而明文中相同字符对应的密文字符可能是不同的，这就大大增加了统计分析的难度。

多表代替密码中最有名的是 16 世纪时法国外交官维吉尼亚发明的维吉尼亚密码（Vigenére Cipher）。它使用 26 张代替表，每张表都是字母表的循环左移，分别以字母 A 到 Z 开始，再用一个密钥来指示使用哪张表加密，如图 1 - 4 所示。

	a	b	c	d	e	f	g	h	i	j	k	l	m	n	o	p	q	r	s	t	u	v	w	x	y	z
a	A	B	C	D	E	F	G	H	I	J	K	L	M	N	O	P	Q	R	S	T	U	V	W	X	Y	Z
b	B	C	D	E	F	G	H	I	J	K	L	M	N	O	P	Q	R	S	T	U	V	W	X	Y	Z	A
c	C	D	E	F	G	H	I	J	K	L	M	N	O	P	Q	R	S	T	U	V	W	X	Y	Z	A	B
d	D	E	F	G	H	I	J	K	L	M	N	O	P	Q	R	S	T	U	V	W	X	Y	Z	A	B	C
e	E	F	G	H	I	J	K	L	M	N	O	P	Q	R	S	T	U	V	W	X	Y	Z	A	B	C	D
f	F	G	H	I	J	K	L	M	N	O	P	Q	R	S	T	U	V	W	X	Y	Z	A	B	C	D	E
g	G	H	I	J	K	L	M	N	O	P	Q	R	S	T	U	V	W	X	Y	Z	A	B	C	D	E	F
h	H	I	J	K	L	M	N	O	P	Q	R	S	T	U	V	W	X	Y	Z	A	B	C	D	E	F	G
i	I	J	K	L	M	N	O	P	Q	R	S	T	U	V	W	X	Y	Z	A	B	C	D	E	F	G	H
j	J	K	L	M	N	O	P	Q	R	S	T	U	V	W	X	Y	Z	A	B	C	D	E	F	G	H	I
k	K	L	M	N	O	P	Q	R	S	T	U	V	W	X	Y	Z	A	B	C	D	E	F	G	H	I	J
l	L	M	N	O	P	Q	R	S	T	U	V	W	X	Y	Z	A	B	C	D	E	F	G	H	I	J	K

m	M	N	O	P	Q	R	S	T	U	V	W	X	Y	Z	A	B	C	D	E	F	G	H	I	J	K	L
n	N	O	P	Q	R	S	T	U	V	W	X	Y	Z	A	B	C	D	E	F	G	H	I	J	K	L	M
o	O	P	Q	R	S	T	U	V	W	X	Y	Z	A	B	C	D	E	F	G	H	I	J	K	L	M	N
p	P	Q	R	S	T	U	V	W	X	Y	Z	A	B	C	D	E	F	G	H	I	J	K	L	M	N	O
q	Q	R	S	T	U	V	W	X	Y	Z	A	B	C	D	E	F	G	H	I	J	K	L	M	N	O	P
r	R	S	T	U	V	W	X	Y	Z	A	B	C	D	E	F	G	H	I	J	K	L	M	N	O	P	Q
s	S	T	U	V	W	X	Y	Z	A	B	C	D	E	F	G	H	I	J	K	L	M	N	O	P	Q	R
t	T	U	V	W	X	Y	Z	A	B	C	D	E	F	G	H	I	J	K	L	M	N	O	P	Q	R	S
u	U	V	W	X	Y	Z	A	B	C	D	E	F	G	H	I	J	K	L	M	N	O	P	Q	R	S	T
v	V	W	X	Y	Z	A	B	C	D	E	F	G	H	I	J	K	L	M	N	O	P	Q	R	S	T	U
w	W	X	Y	Z	A	B	C	D	E	F	G	H	I	J	K	L	M	N	O	P	Q	R	S	T	U	V
x	X	Y	Z	A	B	C	D	E	F	G	H	I	J	K	L	M	N	O	P	Q	R	S	T	U	V	W
y	Y	Z	A	B	C	D	E	F	G	H	I	J	K	L	M	N	O	P	Q	R	S	T	U	V	W	X
z	Z	A	B	C	D	E	F	G	H	I	J	K	L	M	N	O	P	Q	R	S	T	U	V	W	X	Y

图 1-4　维吉尼亚密码的代替表

例 1-3　设密钥为 key，则对明文中的第一个字，用以 K 开头的代替表加密，第二个字用 E 开头的代替表加密，第三个字则用以 Y 开头的代替表加密。

设明文为 this cipher is unbreakable，用上述规则加密后，得到的密文为

$$\text{DLG CGG ZLC BMQ ERZ BIY VEZ VI}$$

这种加密方法可以用数学语言描述：设 d 为一固定的正整数，d 个移位代换表 $\pi=(\pi_1, \pi_2, \cdots, \pi_d)$ 由密钥序列 $K=(k_1, k_2, \cdots, k_d)$ 给定，第 $i+td$ 个明文 m_{i+td} 用表 π_i 加密，$t \in \mathbf{Z}$，则加密和解密算法为

加密：$E_k(m_{i+td})=(m_{i+td}+k_i) \bmod 26=c_{i+td}$

解密：$D_k(c_{i+td})=(c_{i+td}-k_i) \bmod 26=m_{i+td}$

这种加密方法又称周期多表代替，周期就是密钥的长度 d。虽然维吉尼亚密码看上去远比单表代替安全，但它仍保留了字符频率的某些统计信息，可以分析明文中重复出现的字符，若其间距是密钥长度的整数倍，则相同明文一定对应着相同的密文。1863 年，Friedrich Kasiski 发明了重合指数法，通过寻找周期来破译维吉尼亚密码。

其他著名的多表代替密码包括博福特密码(Beaufort Cipher)、费纳姆密码(Vernam Cipher)等。

1.3.3　多字母代替

为提高密码的安全性，除了设计多个代替表之外，另一种做法是一次性地代替多个字符，这就产生了多字母代替密码。

1854 年，英国物理学家查尔斯·惠斯通(Charles Wheatstone，1802—1875)发明的 Playfair 密码是第一个实用的多字母代替密码。这种密码将明文中的双字母组合作为一个

单元，并将这些单元转换为密文的双字母组合。其代替表是这样构造的：首先选择一个口令字，如"cipher"，从这个口令出发构造一个 5×5 的矩阵，如图 1-5 所示，其中将字母 I 和 J 视为同一字符。

C	I/J	P	H	E
R	A	B	D	F
G	K	L	M	N
O	Q	S	T	U
V	W	X	Y	Z

图 1-5　口令为"cipher"时 Playfair 密码的代替表

加密规则可以表示为一句口诀：两两分组，相同填充，对角代换，同行取右，同列取下。

就是说，先将明文分成两个字母一组，若一组中两个字母相同，则中间加入分隔符（通常为不常用字母，如 x）。

例如，设明文为 balloon。

首先分组：ba、lx、lo、on；

同行取右边：ba 变为 DB；

同列取下边：lx 变为 SP；

其他取交叉：lo 变为 GS，on 变为 UG；

最终得到密文：DB SP GS UG。

Playfair 密码的明文空间中有 $26^2 = 676$ 个元素，如果用统计分析，则需要统计 676 种字母对的频率，这个难度远远大于破译单表代替密码。

另一种著名的多字母代替是 Hill 密码，它采用线性变换的方法来加密。

设 $\boldsymbol{K}$ 是数域 F 上一个 $n \times n$ 的可逆矩阵，即存在 $\boldsymbol{K}^{-1}$ 使得

$$\boldsymbol{K}\boldsymbol{K}^{-1} = \boldsymbol{I}$$

设明文 $\boldsymbol{M}$ 为 F 上的 n 维向量，则加密过程为 $\boldsymbol{C} = \boldsymbol{E}_k(\boldsymbol{M}) = \boldsymbol{K}\boldsymbol{M}(\bmod 26)$，解密过程为 $\boldsymbol{D}_k(\boldsymbol{C}) = \boldsymbol{K}^{-1}\boldsymbol{C}(\bmod 26)$。

例 1-4　$n = 3$ 时，设 c_i 为第 i 个密文字母，m_i 为第 i 个明文字母，则加密算法为

$$\begin{bmatrix} c_1 \\ c_2 \\ c_3 \end{bmatrix} = \begin{bmatrix} k_{11} & k_{12} & k_{13} \\ k_{21} & k_{22} & k_{23} \\ k_{31} & k_{32} & k_{33} \end{bmatrix} \begin{bmatrix} m_1 \\ m_2 \\ m_3 \end{bmatrix} \bmod 26$$

解密算法为

$$\begin{bmatrix} m_1 \\ m_2 \\ m_3 \end{bmatrix} = \begin{bmatrix} k_{11} & k_{12} & k_{13} \\ k_{21} & k_{22} & k_{23} \\ k_{31} & k_{32} & k_{33} \end{bmatrix}^{-1} \begin{bmatrix} c_1 \\ c_2 \\ c_3 \end{bmatrix} \bmod 26$$

Hill 密码完全隐藏了字符（组）的频率信息，但线性变换的安全性仍较脆弱，特别是易被已知明文攻击破译。

1.3.4　置换密码

与代替密码不同，置换密码在加密时并不改变明文字符，只是改变其排列顺序。古代斯巴达的"天书"就是一种置换密码，它的加密方式是找一根棍子，将条形的羊皮纸螺旋式缠绕在棍子上，把要发送的消息沿着棍子的水平方向由左至右写，写完后把羊皮拆下，明文的顺序就打乱了。

一种常见的置换是所谓的栅栏技术，它是指在一个矩阵中把明文按列写入，按行读出，其密钥包含 3 方面信息：行宽、列高和读出顺序。

置换更一般的形式是直接写出一种排列规则，然后对明文按照这种规则重新排列。此时的排列规则就是密钥。

例 1 - 5　假设一次加密 7 个明文字符，置换规则为 $(4\ 3\ 1\ 2\ 5\ 6\ 7)$，加密时，先将明文分成 7 个字母一组，再逐组进行置换。

设明文为 attack postponed until two am，其中共 25 个字母，并非 7 的倍数，于是需要给后面填充三个字母，这里假设为 xyz。

明文：
```
a t t a c k p
o s t p o n e
d u n t i l t
w o a m x y z
```

按照置换规则，逐列读出密文为

TTNA APTM TSUO AODW COIX KNLY PETZ

置换密码完全保留了字符的统计信息，因此，今天已不再单独使用置换来加密。然而作为一种有效的置乱手段，置换在现代密码中常常作为密码设计的基本模块。

1.4　现 代 密 码

第二次世界大战之后，人们意识到密码对于战争胜负确实起着至关重要的作用。特别是二战中密码分析方面的辉煌成就促使人们思考：有没有一种加密方式是不可破译的？对于这个问题，Shannon 给出了肯定的回答。

Shannon 在其论文"保密系统的数学理论"中，提出一个著名的定理来阐述密码系统的理论保密性：一个密码系统 (M, C, E, D, K) 是理论保密的，当且仅当每个密钥被使用的概率都相同，并且对于任意明文 m 和密文 c，存在唯一的密钥 k 把 m 加密成 c。

这个定理暗示了，所谓"一次一密"，是指加密时使用完全随机的密钥，并且密钥与明文一样长。这实际上是唯一一种理论保密的密码体制，虽然安全，使用起来却极为不便。

从"一次一密"出发，产生了现代密码的第一个分支，即序列密码，又称流密码（Stream Cipher），其加密方式是将明文字符与密钥对应起来，逐位进行加密，这里的字符可以是字母或数字。

Shannon 在其论文中还提出了密码算法设计的两个准则：混乱和扩散。根据这两个准则，人们设计了各种复杂的密码，这些密码大部分为分组密码（Block Cipher）。分组密码的加密方式是将明文分成固定长度的组，对每组用相同的密钥和算法进行加密。

因此，现代密码按照加密方式可分为两大类：序列密码和分组密码。这两种密码有一个共同特点，就是加密和解密使用相同的密钥，它们合称对称密码(Symmetric Cipher)，也叫单钥密码。

对称密码在实际应用中，通信双方需要在秘密信道上共享密钥，而秘密信道是不易建立的。因此，1976 年，Diffe 和 Hellman 提出可以将加密密钥公开，从而无需通过秘密信道共享密钥。这就产生了现代密码的另一个分支：公钥密码，也叫非对称密码(Asymmetric Cipher)。公钥密码的加密密钥是公开的，称为公钥(Public Key)；解密密钥是保密的，又称私钥(Private Key)。从而按照密钥的使用方式，现代密码又可分两大类：对称密码和公钥密码。

1.5　密码分析

除密码编码之外，密码分析也是密码学的重要内容。密码分析的目标是破译密码算法。通常假定破译者能截获到大量密文，并已知加密算法，在这个前提下破译出明文及密钥。破译者可以根据密码算法的性质、明文空间的特性以及某些明文-密文对来推导出密钥或对应的明文。按照破译者所掌握的信息，常见的攻击类型有如下几种：

(1) 惟密文攻击(Ciphertext-only Attack)：破译者有一些截获的密文，这些密文都用同一算法加密。

(2) 已知明文攻击(Known-plaintext Attack)：破译者不但有一些密文，还得到了这些密文对应的明文。

(3) 选择明文攻击(Chosen-plaintext Attack)：破译者获得加密机的暂时访问权限，能选择明文并得到相应的密文。

(4) 选择密文攻击(Chosen-ciphertext Attack)：破译者能暂时接近密码机，可以选择密文并得到相应的明文。

上述四种攻击中，惟密文攻击的分析难度最大，因为攻击者获得的信息量最少。

密码分析的最终目的在于破译出密钥或明文。破译能否成功与许多因素有关，特别是破译者的经验和观察能力起到一定的作用。在早期的密码分析中，人们非常注重字母的频率、字母的连接特征和重复特征，采用归纳法和演绎法，经过分析、假设和推测过程，再进行验证。这种密码分析方法在今天仍有一定的借鉴作用。

密码算法本身的安全性可从以下两方面考虑：无论破译者有多少密文，他也无法解出相应的明文，或者即使得到了结果，也无法验证这个结果的正确性，此时就认为该密码算法是无条件安全的(Unconditionally Secure)。反之，如果密码算法虽然可被破译，但破译的代价超出了明文本身的价值，或破译的时间过长，超过了信息的有效期，则称该密码算法是计算上安全的(Computationally Secure)。

习　　题

1. 简述密码系统的五个组成部分及其作用。
2. 举例说明保密密码体制的定义。

3. 简述密码分析的四种类型。

4. 解释以下概念：密码学，密码编码学，密码分析学，明文，密文，加密，解密，密码体制，对称密码，公钥密码，分组密码，序列密码。

5. Kerkhoff 准则的内容是什么？

6. 英文单表代替密码的密钥量是多少？

7. 设计一个凯撒密码的实例。

8. Playfair 密码可用的密钥有多少个？

9. (1) 用 Playfair 密码加密消息"There is a trend for sensitive user to be stored by third parties on the Internet.", 密钥为"cryptography"。

(2) 写出对上述密文的解密运算。

10. 假设明文 breathtaking 使用 Hill 密码被加密为 rupotentoifv, 试分析出加密密钥矩阵(矩阵的阶未知)。

11. 在一个密码体制中，如果加密函数 E_k 和解密函数 D_k 相同，我们称这样的密钥 K 为对合密钥。

(1) 试找出定义在 Z_{26} 上的移位密码体制中的所有对合密钥。

(2) 证明在置换密码中，置换 π 是对合密钥，当且仅当对任意的 $i, j \in \{1, \cdots, m\}$, 若 $\pi(i) = j$, 则必有 $\pi(j) = i$。

12. 设 π 为集合 $\{1, \cdots, 8\}$ 上的置换：

$$\begin{pmatrix} x & 1 & 2 & 3 & 4 & 5 & 6 & 7 & 8 \\ \pi(x) & 4 & 1 & 6 & 2 & 7 & 3 & 8 & 5 \end{pmatrix}$$

用 π 作为密钥对某段明文加密后的密文如下：

ETEGENLMDNTNEOORDAHATECOESAHLRMI

试求出明文。

13. 设 m, n 为正整数，将明文写成一个 $m \times n$ 矩阵，然后依次取矩阵的各列构成密文，例如，设 $m=4$, $n=3$, 加密明文为"cryptography"。下面给出一个特殊的置换密码：

cryp
togr
aphy

则对应的密文应该为"ctaropyghpry"。

(1) 已知 m 和 n 时，如何解密？

(2) 试解密通过上述方法加密的密文：

MYAMRARUYIQTENCTORAHROYWDSOYEOUARRGDERNOGW

14. 简述四种密码攻击类型。

第 2 章　密码学的数学基础

2.1　近世代数基础

近世代数研究代数结构的一般性质。所谓代数结构，就是给定一个集合及定义于该集合上的运算，且这些运算满足某些性质。代数结构是摒弃了集合的具体形态而得到的抽象模型，研究它具有普遍意义。群、环和域是三种最基本的代数结构。

近世代数是密码学的基础，这是由于绝大多数密码算法从本质上看都是定义在某种代数结构上的变换。掌握近世代数的基础知识，对于理解密码算法至关重要。

2.1.1　群

1. 概念

定义 2-1　给定集合 G 和该集合上的运算"$*$"，满足下列条件的代数结构$\langle G,*\rangle$称为群(Group)。

(1) 封闭性：若 $a,b\in G$，则存在 $c\in G$，使得 $a*b=c$；

(2) 结合律：对任意 $a,b,c\in G$，有$(a*b)*c=a*(b*c)$；

(3) 存在单位元：存在 $e\in G$，对任意 $a\in G$，有 $a*e=e*a=a$；

(4) 存在逆元：对任意 $a\in G$，存在 $b\in G$，使 $a*b=b*a=e$，则称 b 为 a 的逆元，表示为 $b=a^{-1}$。

G 中的元素个数记作$|G|$，称为群 G 的阶。

如果运算"$*$"还满足交换律，即对任意 $a,b\in G$，有 $a*b=b*a$，则称$\langle G,*\rangle$为交换群，也叫阿贝尔(Abel)群。

例 2-1　整数集合 $\mathbf{Z}$ 对普通加法构成的代数系$(\mathbf{Z},+)$，结合律成立，有单位元 0，任意一个整数 x 的逆元是$-x$，所以$(\mathbf{Z},+)$是群。类似地，$(\mathbf{Q},+)$、$(\mathbf{R},+)$、$(\mathbf{C},+)$也是群。这里 $\mathbf{Q}$、$\mathbf{R}$、$\mathbf{C}$ 分别表示有理数集、实数集和复数集。

但对普通乘法"$\cdot$"来说，$(\mathbf{Z},\cdot)$不是群，因为除 1 和-1外，其他元素均无逆元。

例 2-2　设 $\omega=a_1a_2\cdots a_n$ 是一个 n 位二进制数码，称为一个码字。S 是由所有这样的码字构成的集合，在 S 中定义二元运算$+$：$\omega_1=a_1\cdots a_n$，$\omega_2=b_1\cdots b_n$，$\omega_1+\omega_2=c_1\cdots c_n$，其中 $c_i\equiv(a_i+b_i)\bmod 2$，$i=1,2,\cdots,n$，则$(S,+)$是一个群。

例 2-3　设 $G=\{0,1,\cdots,p-1\}$，p 是素数，则 G 关于模 p 乘法构成阿贝尔群。

给定一个群 G，对任意 $a\in G$ 和自然数 n，有 $a^n=\overset{n}{\overbrace{a\cdots a}}$。

2. 群的性质

群具有如下基本性质：

(1) 单位元 e 是唯一的；

(2) 设 a，b，$c \in G$，若 $ab = ac$，则 $b = c$；若 $ab = cb$，则 $a = c$，这称为消去律；

(3) 群中每一元素只有唯一的一个逆元。

定义 2-2　设 G 为群，对任意 $a \in G$，使 $a^n = \overbrace{aa \cdots a}^{n} = e$ 成立的最小正整数 n 称为元素 a 的阶。

定理 2-1　若群 G 是有限群，则 G 中任意元素的阶都是有限的。

注意：群的阶不同于元素的阶。

3. 子群、陪集和 Lagrange 定理

定义 2-3　设 $\langle G, * \rangle$ 是一群，H 是 G 的一个子集，如果 $\langle H, * \rangle$ 也构成一个群，则称 H 是 G 的一个子群。

例 2-4　偶数加群是整数加群的子群。

例 2-5　设 m 为整数，用 Z_m 表示 m 的所有倍数构成的集合，则 Z_m 关于整数的加法运算构成一个群，并且这个群是整数群的子群。

定义 2-4　设 H 是 G 的子群，$g \in G$，称 gH 为 H 的一个左陪集。相应地，可以定义右陪集为 Hg。

在交换群中，左陪集与右陪集是完全相同的。

定义 2-5　设 H 是 G 的子群，则 H 的左（右）陪集的个数称为指数，记作 $[G : H]$。

例 2-6　$m = 5$，$Z_5 = \{0, 5, -5, 10, \cdots\}$，$Z_5$ 为 **Z** 的加法子群。

取 $g = 1 \in \mathbf{Z}$，则 $g + G = \{1, 6, -4, 11, \cdots\}$；

取 $g = 2 \in \mathbf{Z}$，则 $g + G = \{2, 7, -3, 12, \cdots\}$；

取 $g = 3 \in \mathbf{Z}$，则 $g + G = \{3, 8, -2, 13, \cdots\}$；

取 $g = 4 \in \mathbf{Z}$，则 $g + G = \{4, 9, -1, 14, \cdots\}$。

如果将所有陪集的集合记作 R_5，用 $\bar{i}(0 \leqslant i \leqslant 4)$ 表示一个陪集，则 $R_5 = \{\bar{0}, \bar{1}, \bar{2}, \bar{3}, \bar{4}\}$，$\bar{i}$ 代表了除以 5 余数为 i 的所有整数。

陪集具有以下性质：

(1) 陪集中的元素个数都相同；

(2) 两个陪集或者相等，或者不相交；

(3) 群 G 中的元素可以按子群 H 的陪集进行划分，设一共分为 d 类，则 $d \cdot |H| = |G|$。

定理 2-2(Lagrange)　若 H 是 G 的子群，设 G 的阶为 n，H 的阶为 m，则有 $m | n$。

证明：设 $[G : H] = s$，根据 H 的陪集对 G 进行划分，即

$$G = a_1 H \bigcup a_2 H \cdots \bigcup a_s H$$

对任意 $h \in H$，易知

$$\varphi : a_i h \rightarrow a_j h$$

为左陪集 $a_i H$ 到 $a_j H$ 的一个双射，从而 $|a_i H| = |a_j H|$，于是有

$$|a_1 H| = |a_2 H| = \cdots = |a_s H| = |H|$$

从而有 $|G| = |H| s$，即 $m = ns$。　　　　　　　　　　　　　　　　　　　（证毕）

2.1.2　置换群与凯莱定理

定义 2 - 6　设 $i_1, i_2, \cdots, i_n$ 是 $1, 2, \cdots, n$ 的一个排列，用符号

$$\begin{pmatrix} 1 & 2 & \cdots & n \\ i_1 & i_2 & \cdots & i_n \end{pmatrix}$$

表示 n 个元素 $1, 2, \cdots, n$ 上的一个置换，它把 $1, 2, \cdots, n$ 分别转换为 $i_1, i_2, \cdots, i_n$。

例如，5 个元素的一种置换为

$$\begin{pmatrix} 1 & 2 & 3 & 4 & 5 \\ 4 & 3 & 1 & 5 & 2 \end{pmatrix}$$

其逆置换为

$$\begin{pmatrix} 1 & 2 & 3 & 4 & 5 \\ 3 & 5 & 2 & 1 & 4 \end{pmatrix}$$

定义 2 - 7　两个置换 $\begin{pmatrix} 1 & 2 & \cdots & n \\ i_1 & i_2 & \cdots & i_n \end{pmatrix}$ 与 $\begin{pmatrix} 1 & 2 & \cdots & n \\ j_1 & j_2 & \cdots & j_n \end{pmatrix}$ 的合成定义为

$$\begin{pmatrix} 1 & 2 & \cdots & n \\ i_1 & i_2 & \cdots & i_n \end{pmatrix} \circ \begin{pmatrix} 1 & 2 & \cdots & n \\ j_1 & j_2 & \cdots & j_n \end{pmatrix} = \begin{bmatrix} 1 & 2 & \cdots & n \\ j_{i1} & j_{i2} & \cdots & j_{in} \end{bmatrix}$$

例如：

$$\begin{pmatrix} 1 & 2 & 3 & 4 & 5 \\ 4 & 3 & 1 & 5 & 2 \end{pmatrix} \circ \begin{pmatrix} 1 & 2 & 3 & 4 & 5 \\ 3 & 2 & 5 & 1 & 4 \end{pmatrix} = \begin{pmatrix} 1 & 2 & 3 & 4 & 5 \\ 1 & 3 & 2 & 4 & 5 \end{pmatrix}$$

定理 2 - 3　所有置换关于合成运算构成一个群。

n 个元素的所有置换构成的群称为对称群 S_n，其阶为 $n!$，S_n 的子群称为置换群。

定义 2 - 8（群同态与群同构）　设 G 与 G' 是两个群，如果存在 G 到 G' 的映射 σ，使得对任意 $a, b \in G$，有

$$\sigma(a)\, \sigma(b) = \sigma(ab)$$

则称 σ 为群 G 到群 G' 的同态映射。如果 σ 为双射，则称 σ 为 G 到 G' 的同构映射。

例 2 - 7　设

$$G = \left\{ \begin{pmatrix} 1 & 0 \\ 0 & 1 \end{pmatrix}, \begin{pmatrix} -1 & 0 \\ 0 & 1 \end{pmatrix}, \begin{pmatrix} 1 & 0 \\ 0 & -1 \end{pmatrix}, \begin{pmatrix} -1 & 0 \\ 0 & -1 \end{pmatrix} \right\}$$

则 G 关于矩阵的乘法构成群，其中每个元素都以自身为逆元。

设 $G' = \{e, a, b, c\}$，G' 上的运算"$*$"定义为

$*$	e	a	b	c
e	e	a	b	c
a	a	e	c	b
b	b	c	e	a
c	c	b	a	e

易证明 G' 关于运算"$*$"构成一个群，称为克莱因（Klein）四元群。

可以验证，G 与 G' 是同构的。

定理 2-4(凯莱定理)　任意群同构于一个置换群。

2.1.3　环与域

定义 2-9　设 R 是至少含有两个元素的集合，R 中定义了两种运算：加法（＋）和乘法（·），如果代数系统 $\langle R,+,\cdot\rangle$ 满足以下条件，则称其为环。

(1) 关于加法构成交换群；

(2) 乘法满足封闭性；

(3) 乘法满足结合律；

(4) 分配律：对于任意 $a,b,c\in \mathbf{R}$，$a\cdot(b+c)=a\cdot b+a\cdot c$ 和 $(a+b)\cdot c=a\cdot c+b\cdot c$ 总成立。

例 2-8　实数上所有 n 阶方阵关于矩阵的加法和乘法构成一个环。

例 2-9　系数为实数的所有多项式关于多项式加法和乘法构成环。

定义 2-10　如果环中乘法满足交换律，则称为交换环。

例 2-10　全体偶数集合关于整数加法和乘法构成交换环。

定义 2-11　如果交换环 R 还满足以下性质，则称其为整环。

(1) 乘法单位元：R 中存在元素 1，使得对于任意 $a\in R$，有 $a\cdot 1=1\cdot a=a$ 成立；

(2) 无零因子：如果存在 $a,b\in R$，且 $ab=0$，则必有 $a=0$ 或 $b=0$。

易验证全体整数关于加法和乘法构成一个整环。

定义 2-12　设 F 是至少含有两个元素的集合，F 中定义了两种运算：加法（＋）和乘法（·），如果代数系统 $\langle F,+,\cdot\rangle$ 满足以下三个条件，则称其为域。

(1) F 是一个整环；

(2) 有乘法逆元：对于任意 $a\in F$，存在 $a^{-1}\in F$，使得 $a\cdot a^{-1}=a^{-1}\cdot a=1$ 成立。

例 2-11　实数的全体、复数的全体关于通常的加法、乘法都构成域，分别称为实数域和复数域。

例 2-12　若 p 是素数，则 $F=\{0,1,\cdots,p-1\}$ 关于模 p 加法和模 p 乘法构成域。

2.1.4　有限域上的多项式

设 F 为有限域，n 为非负整数，形如

$$f(x)=a_0+a_1x+\cdots+a_nx^n \quad a_i\in F,0\leqslant i\leqslant n$$

的表达式称为域 F 上关于未定元 x 的多项式，若 $a_n\neq 0$，则称 $f(x)$ 是 n 次多项式，记作 $\deg(f)=n$。

用 $F[x]$ 表示 F 上 x 的全体多项式所组成的集合，对任意 $f(x)$、$g(x)\in F[x]$，设

$$f(x)=\sum_{i=0}^{n}a_ix^i,\ g(x)=\sum_{i=0}^{m}b_ix^i$$

则 $f(x)$ 与 $g(x)$ 的和定义为

$$f(x)+g(x)=\sum_{i=0}^{\max\{m,n\}}(a_i+b_i)x^i$$

$f(x)$ 与 $g(x)$ 的积定义为

$$f(x)g(x)=\sum_{i=0}^{n+m}\left(\sum_{j=0}^{i}a_jb_{i-j}\right)x^i$$

可以验证 $F[x]$ 关于上述加法和乘法运算构成一个环，且为整环。

由于同为整环，$F[x]$ 有类似于整数的性质，整数中的一系列运算规则可以平移到 $F[x]$ 中。

定理 2 - 5（多项式的除法）　设 $f(x)$ 和 $g(x)$ 是 $F[x]$ 中的两个多项式，$g(x) \neq 0$，则存在唯一的一对多项式 $q(x)$、$r(x)$，使得

$$f(x) = q(x)g(x) + r(x), \quad 0 \leq \deg r(x) < \deg g(x)$$

当 $r(x) = 0$ 时，称 $g(x)$ 整除 $f(x)$，此时 $g(x)$ 为 $f(x)$ 的因式，$f(x)$ 为 $g(x)$ 的倍式。

与整数类似，两个多项式有最高公因式，即次数最高的公因式，也有最低公倍式，即次数最低的公倍式。

定理 2 - 6　设 F 为域，$f(x)$ 和 $g(x)$ 是 $F[x]$ 中的非零多项式，则 $f(x)$ 和 $g(x)$ 的最大公因式 $\gcd(f(x), g(x))$ 可以表示成 $f(x)$ 和 $g(x)$ 的线性组合，其系数为 $F[x]$ 中的多项式，即

$$\gcd(f(x), g(x)) = a(x)f(x) + b(x)g(x)$$

其中，$a(x)$ 和 $b(x)$ 都是 $F[x]$ 中的多项式，且 $f(x)$ 和 $g(x)$ 的任一公因式都是 $\gcd(f(x), g(x))$ 的因式。

2.2　初 等 数 论

数论研究数的规律，特别是整数的性质，它既是最古老的数学分支，又是一个始终活跃的领域。从研究方法上分类，数论可分为初等数论、代数数论和解析数论。数论的研究内容包括自然数的性质、不定方程的求解、数论函数的性质、实数的有理逼近、某些特殊类型的数（如费马数、完全数等）、整系数代数方程，等等。近几十年来，数论在计算机科学、组合数学、代数编码、密码学、计算方法、信号处理等领域得到了广泛的应用。

本节介绍初等数论的基础知识，它们在密码学中具有极重要的应用。

2.2.1　欧几里得算法

定义 2 - 13　设 a 和 b 是整数，$b \neq 0$，如果存在整数 c，使得 $a = bc$，则称为 b 整除 a，记作 $b \mid a$，并且称 b 是 a 的一个因子，而 a 为 b 的倍数。如果不存在整数 c，使得 $a = bc$，则称 b 不整除 a，记作 $b \nmid a$。

定义 2 - 14　一个大于 1 的整数，如果其正因子只有 1 和它本身，则此数称为素数；否则称为合数。

为了判定某个给定的数是否为素数，可以用小于该数平方根的所有素数试除，如果均不能除尽，则该数为素数，只要有一个能除尽，则为合数。

这种方法被称为 Eratosthenes 筛法，它由古埃及数学家 Eratosthenes 发明，是最古老的素数检测方法。

定理 2 - 7　设 $a, b \in \mathbf{Z}$，$b > 0$，则存在唯一确定的整数 q 和 r，使得

$$a = qb + r, \ 0 \leq r < b$$

定理 2 - 8（算术基本定理）　任一大于 1 的整数 a 能表示成素数的乘积，即

$$a = p_1^{a_1} p_2^{a_2} \cdots p_t^{a_t}$$

其中 p_i 是素数，$a_i \geqslant 0$，并且若不考虑 p_i 的排列顺序，则这种表示方法是唯一的。

定义 2 - 15　设 a 和 b 是不全为零的整数，a 和 b 的最大公因数是指满足下述条件的整数 d：

（1）d 为 a 和 b 的公因数，即 $d|a$ 且 $d|b$；

（2）d 为 a 和 b 的所有公因数中最大的，即对任意整数 c，如果 $c|a$ 且 $c|b$，则 $c \leqslant d$。

最大公约数记作 $d = \gcd(a, b)$ 或 $d = (a, b)$。

对任意 $a, b \in \mathbf{Z}$，如果 $(a, b) = 1$，则称 a 和 b 互素。

定义 2 - 16　设 a 和 b 是两个非零整数，a 和 b 的最小公倍数是指满足下述条件的整数 m：

（1）m 为 a 和 b 的公倍数；

（2）对于任意 a 和 b 的公倍数 c，有 $m|c$。

给定两个整数 a 和 b，将其分解为素数幂的乘积，即

$$a = p_1^{a_1} p_2^{a_2} \cdots p_m^{a_m}, \quad b = q_1^{b_1} q_2^{b_2} \cdots q_m^{b_m}$$

把 a 与 b 的素因子分解中的公共部分相乘，就构成了两个数的最大公因数，记作 $\gcd(a, b)$ 或 (a, b)。因此，可以通过直接分解的方法求得两个数的最大公因数，除此之外，也可以利用最大公因数的性质来求。

最大公因数具有如下性质：

给定两个正整数 a 和 b，假设 $a > b$，则它们的最大公约数满足如下关系：

$$\gcd(a, b) = \gcd(a - b, b) \tag{2-1}$$

例 2 - 13　求 3586 与 258 的最大公约数。

根据式（2-1），本题相当于求 3328（= 3586 - 258）与 258 的最大公约数。不断应用式（2-1），最终得到 $\gcd(3586, 258)$，即

$$\gcd(3586, 258) = \gcd(3328, 258) = \gcd(3070, 258) = \cdots$$
$$= \gcd(232, 258) = \gcd(232, 26) = \gcd(26, 24)$$
$$= \gcd(2, 24) = 2$$

实际上这是一系列除法的结果为

$$3586 = 13 \times 258 + 232$$
$$258 = 232 + 26$$
$$232 = 8 \times 26 + 24$$
$$26 = 24 + 2$$
$$24 = 12 \times 2$$

这个过程称为辗转相除，又称欧几里得（Euclid）算法，可用如下的定理来描述。

定理 2 - 9　设 a、b、r 是三个不完全为零的整数，如果

$$a = qb + r$$

其中 q 是整数，则 $\gcd(a, b) = \gcd(b, r)$。

辗转相除的具体算法如下：

> **算法 2-1　辗转相除法（计算两个数的最大公因数）**
> 输入：两个非负整数 a，b，且 a＞b
> 输出：x＝gcd(a，b)
> 　　　　x←a，　y←b
> 　　　　if　y＝0，　then return x＝(a，b)
> 　　　　else　r＝x mod y
> 　　　　　　　　x←y
> 　　　　　　　　y←r

利用欧几里得算法不仅可以计算两个数的最大公约数，还可以在给定的两个数 a、b 互素时，计算 $a \bmod b$ 及 $b \bmod a$ 的乘法逆元，即求整数 x、y，使得

$$ax = 1 \bmod b \quad 及 \quad by = 1 \bmod a$$

这是由于，求 $\gcd(a，b)$ 时，进行下列辗转相除运算：

$$a = q_1 b + r_1$$
$$b = q_2 r_1 + r_2$$
$$r_1 = q_3 r_2 + r_3$$
$$\vdots$$
$$r_{k-1} = q_{k+1} r_k + r_{k+1}$$
$$r_k = q_{k+2}\, r_{k+1}$$

在最后一步中，r_{k+1} 能整除 r_k，此时 r_{k+1} 即为 a 和 b 的最大公因数。从最后一个等式出发，将余数 r_{k+1} 表示为 r_{k-1} 与 $q_{k+1} r_k$，再将 r_k 用上一个等式表示，这样依次反推，最后必能将 r_{k+1} 表示为 a 与 b 的一种线性组合，即

$$r_{k+1} = ax + by$$

若 $\gcd(a，b)=1$，则上式变为 $ax + by = 1$，从而 x 即为 $a \bmod b$ 的乘法逆元，而 y 即为 $b \bmod a$ 的乘法逆元。

这个过程又称为扩展的欧几里得算法，具体过程如下：

> **算法 2-2　扩展的欧几里得算法（求乘法逆元）**
> 输入：两个非负整数 a，b，且 a≥b
> 输出：gcd(a，b)，以及满足 $ax + by = \gcd(a，b)$ 的整数 x，y
> 　　　　ExtendeddEuclid(a，b){
> 　　　　　　(R，S，T)←(a，1，0)；
> 　　　　　　(R′，S′，T′)←(b，0，1)；
> 　　　　　　While(R′≠0) do{
> 　　　　　　　　q＝[R/R′]；
> 　　　　　　　　(t1，t2，t3)←(R−qR′，S−qS′，T−qT′)；
> 　　　　　　　　(R，S，T)←(R′，S′，T′)；
> 　　　　　　　　(R′，S′，T′)←(t1，t2，t3)；
> 　　　　　　}
> 　　　　Return R，S，T；
> 　　　　}

整数上的欧几里得算法及其扩展算法也可平移到多项式中，即给定两个多项式，用欧几里得算法求出其最大公因式，若这两个多项式互素，则也可求出其乘法逆元。

2.2.2 费马定理和欧拉定理

1. 费马定理

定理 2-10　若 p 是素数，p 不整除 a，则 $a^{p-1} \equiv 1 \bmod p$。

费马定理的等价形式是 $a^p \equiv a \bmod p$。

证明：首先证明，当 $1 \leqslant i \leqslant p-1$ 时，素数 p 整除二项式系数 $\dbinom{p}{i} = \dfrac{p!}{i!(p-i)!}$。

显然 p 整除分子。由于 $0 < i < p$，所以素数 p 不整除所有在分母中阶乘的因子，根据素数因子分解的唯一性，这就是说 p 不能整除分母。

根据牛顿二项式定理，得

$$(x+y)^p = \sum_{0 \leqslant i \leqslant p} \binom{p}{i} x^i y^{p-i}$$

特别地，由于左边的系数是整数，右边的系数也必须是整数，因此所有二项式系数都是整数。

当 $0 < i < p$ 时，二项式系数是整数并且其分式形式中的分子可以被 p 整除，而分母不能被 p 整除，所以，在分式化简完成后，分子中肯定存在因子 p。该定理得证。

下面通过对 x 进行归纳来证明费马定理。首先，显然 $1^p \equiv 1 \bmod p$，假设对某个特定的整数 x，存在 $x^p \equiv x \bmod p$，则

$$(x+1)^p = \sum_{0 \leqslant i \leqslant p} \binom{p}{i} x^i 1^{p-i} = x^p + \sum_{0 < i < p} \binom{p}{i} x^i + 1$$

等式右边的中间部分的所有系数整除 p，因此

$$(x+1)^p \equiv x^p + 0 + 1 \equiv x + 1 \bmod p$$

即费马定理得证。

这个结果又被称为费马小定理，它已有 350 多年的历史，是初等数论中的一个基本结论。

利用费马定理，在某些情况下可以快速计算模幂。

例 2-14　$p=23$，$a=2$，则由费马定理直接可得 $2^{22} = 1 \bmod 23$。

除了求模幂运算之外，根据费马定理还可以求出乘法逆元，这是由于当 $a^{p-1} \equiv 1 \bmod p$ 时，易知 $a \cdot a^{p-2} = 1 \bmod p$，从而有

$$a^{-1} = a^{p-2} \bmod p$$

亦即当 p 为素数且 p 不整除 a 时，a 模 p 的乘法逆元为 $a^{p-2} \bmod p$。

2. 欧拉定理

欧拉定理是对费马定理的推广，在学习欧拉定理之前，首先介绍欧拉函数的定义。

定义 2-17（Euler's Totient Function）　设 n 为正整数，欧拉函数 $\varphi(n)$ 定义为满足条件 $0 < b < n$ 且 $\gcd(b, n)=1$ 的整数 b 的个数。

$\varphi(n)$ 具有如下性质：

(1) 当 n 是素数时，$\varphi(n)=n-1$；

(2) 若 $n=2^k$，k 为正整数，则 $\varphi(n)=2^{k-1}$；

(3) 若 $n=p^k$，其中 p 为素数，k 为正整数，则 $\varphi(n)=(p-1)p^{k-1}$；

(4) 若 $n=pq$ 且 $\gcd(p,q)=1$，则 $\varphi(n)=(p-1)(q-1)$；

(5) 若 $n=p_1^{a_1}p_2^{a_2}\cdots p_t^{a_t}$，$p_i(1\leqslant i\leqslant t)$ 为素数，则

$$\varphi(n)=p_1^{a_1-1}p_2^{a_2-1}\cdots p_t^{a_t-1}(p_1-1)(p_2-1)\cdots(p_t-1)$$

定理 2-11　对任意整数 a，n，当 $\gcd(a,n)=1$ 时，有 $a^{\varphi(n)}\equiv 1 \bmod n$。

证明：设小于 n 且与 n 互素的正整数集合为 $\{x_1,x_2,\cdots,x_{\varphi(n)}\}$，由于 $\gcd(a,n)=1$，$\gcd(x_i,n)=1$，故对 $1\leqslant i\leqslant\varphi(n)$，$ax_i$ 仍与 n 互素。因此 $ax_1,ax_2,\cdots,ax_{\varphi(n)}$ 构成 $\varphi(n)$ 个与 n 互素的数，且两两不同余。这是因为，若有 x_i,x_j，使得 $ax_i\equiv ax_j \bmod n$，则由于 $\gcd(a,n)=1$，可消去 a，从而 $x_i\equiv x_j \bmod n$。

所以 $\{ax_1,ax_2,\cdots,ax_{\varphi(n)}\}$ 与 $\{x_1,x_2,\cdots,x_{\varphi(n)}\}$ 在 $\bmod n$ 的意义上是两个相同的集合，分别计算两个集合中各元素的乘积，有

$$ax_1ax_2\cdots ax_{\varphi(n)}\equiv x_1x_2\cdots x_{\varphi(n)} \bmod n$$

由于 $x_1x_2\cdots x_{\varphi(n)}$ 与 n 互素，故 $a^{\varphi(n)}\equiv 1 \bmod n$。

推论 2-1　对任意整数 a，n，当 $\gcd(a,n)=1$ 时，有 $a^{\varphi(n)+1}\equiv a \bmod n$。

费马定理是欧拉定理的特殊情形，当 n 为素数时，欧拉定理即等同于费马定理。

2.2.3　中国剩余定理

中国剩余定理是解一次同余方程组最有效的算法。

在我国古代的《孙子算经》中记载了这样一道题："今有物，不知其数。三三数之，剩二；五五数之，剩三；七七数之，剩二。问：物几何？答曰：二十三。"

书中还介绍了这道题的解法："术曰：三三数之，剩二，置一百四十；五五数之，剩三，置六十三；七七数之，剩二，置三十。并之，得二百三十三，以二百一十减之，即得。"意即物数 $W=70\times2+21\times3+15\times2-2\times105=23$。

接下来又给出了这类题的一般解法（余数为一的情况）："凡三三数之，剩一，则置七十；五五数之，剩一，则置二十一；七七数之，剩一，则置十五。一百六以上，以一百五减之，即得。"这个问题及其解法，在世界数学史上占有重要的地位，被称为"孙子定理"或"中国剩余定理"。

明朝程大位编著的《算法统宗》（公元 1592 年）里也记载了"物不知数"问题的解法，他是用一首歌谣来叙述的：

三人同行七十稀，五树梅花廿一枝。

七子团圆正半月，除百零五便得知。

其中每句歌谣都隐藏着解题需要的数字：

"三(3)人同行七十(70)稀"，即用被 3 除所得的余数乘以 70；

"五(5)树梅花廿一(21)枝"，即用被 5 除所得的余数乘以 21；

"七(7)子团圆正月半(15)"，即用被 7 除所得的余数乘以 15；

"除百零五(105)便得知"，即把上面所得的三个积相加，如果和大于 105，就减去 105 的若干倍，直到差小于 105 为止，得出的差就是所求的最小正整数。

解答算式为

$$70\times2+21\times3+15\times2=233$$
$$233-105\times2=23$$

"物不知数"问题虽然开创了一次同余式研究的先河,但由于题目比较简单,没有上升到完整的计算程序和理论的高度。

南宋时期的数学家秦九韶(1202—1261)完整推算出一次同余方程组的一般计算程序,并从理论上给出了严格证明。秦九韶在其《数书九章》中提出"大衍求一术",系统地论述了一次同余式方程解法。直到此时才真正得到了一次同余式的普遍解法,从而得到中国剩余定理。

在欧洲,直到 18、19 世纪,数学家欧拉(1707—1783)于公元 1743 年、高斯(1777—1855)于公元 1801 年对一般一次同余式进行了详细研究,才重新获得了与秦九韶"大衍求一术"相同的定理,并且对模数两两互素的情形给出了严格证明。

实际上,上述"物不知数"问题相当于求解如下的线性同余方程组,设该物有 x 个,则

$$\begin{cases} x\equiv2 \bmod 3 \\ x\equiv3 \bmod 5 \\ x\equiv2 \bmod 7 \end{cases} \tag{2-2}$$

这个方程组可用如下的通用方法求解。

首先,写出一次同余方程组的一般形式:

$$\begin{cases} x\equiv a_1 \bmod m_1 \\ x\equiv a_2 \bmod m_2 \\ \vdots \\ x\equiv a_k \bmod m_k \end{cases}$$

如果对任意 $1\leqslant i,j\leqslant k,i\neq j$,有 $\gcd(m_i,m_j)=1$,即 $m_1,m_2,\cdots,m_k$ 两两互素,则通过以下固定算法来求解 x:

(1) 计算 $M=m_1m_2\cdots m_k$,及 $M_i=\dfrac{M}{m_i}$;

(2) 求出各 M_i 模 m_i 的逆,即求 M_i^{-1},满足 $M_iM_i^{-1}\equiv1 \bmod m_i$;

(3) 计算 $x\equiv M_1M_1^{-1}a_1+\cdots+M_kM_k^{-1}a_k \bmod M$,$x$ 即为方程组的一个解。

根据该算法解方程组(1),计算 $M=3\times5\times7$,$M_1=35$,$M_2=21$,$M_3=15$,再求出 $M_1^{-1}=2$,$M_2^{-1}=1$,$M_3^{-1}=1$,最后求得

$$x=35\times2\times2+21\times3+15\times2\equiv23 \bmod 105$$

例 2-15 求相邻的四个整数,依次可被 2^2、3^2、5^2、7^2 整除。

解:设四个整数为 $x-1$、x、$x+1$、$x+2$,则有

$$\begin{cases} x\equiv1 \bmod 4 \\ x\equiv0 \bmod 9 \\ x\equiv-1 \bmod 25 \\ x\equiv-2 \bmod 49 \end{cases}$$

计算过程如下:

$$M=4\times9\times25\times49$$

$$M_1 = 9 \times 25 \times 49, \ M_2 = 4 \times 25 \times 49, \ M_3 = 4 \times 9 \times 49, \ M_4 = 4 \times 9 \times 25$$

$$M_1^{-1} = 1, \ M_2^{-1} = 7, \ M_3^{-1} = 9, \ M_4^{-1} = 30$$

最终求得 $x \equiv 29\,349 \bmod 44\,100$。

2.2.4　素数的检测

判别给定的大整数是否为素数是数论中一个基本而古老的问题，具有重要的理论和实践意义。在密码学中，由于许多公钥密码体制都需要有大素数参与，从而使素性检测成为必不可少的内容。最古老的素性检测方法是 Eratosthenes 筛法：若待检测整数为 n，则用所有小于 n 的素数去除 n，用此法找出 n 的所有因子，如果这些素数均不能整除 n，则 n 为素数。这种方法速度极慢，更快的素性检测方法实际上仅仅能够得知是否为合数，而不能给出 n 的因子。在实际应用中，一般做法是先生成大的随机整数，再利用某些算法来检测其素性。

定理 2 - 12　素数有无穷多个。

证明：用反证法。假设只有有限多个素数，设 p_1，p_2，…，p_n 是全部的素数，考虑整数 $N = p_1 p_2 \cdots p_n + 1$，因为 $N > 1$，且由算术基本定理，N 可以分解为素数的乘积，故一定存在素数 p 整除 N。根据假设，由于 p_1，p_2，…，p_n 是全部的素数，故必有 $p = p_i$ 对某个 $1 \leqslant i \leqslant n$ 成立，从而 p 整除 $N - p_1 p_2 \cdots p_n = 1$，显然这是不成立的，因此假设也不成立。所以素数有无穷多个。

定理 2 - 13（素数定理）　令 $\pi(x)$ 表示比 x 小的素数的个数，则 $\lim\limits_{x \to +\infty} \pi(x) = \dfrac{x}{\ln x}$。

素数定理是数论中一个著名的结论，它是在 1896 年由 Hadamard 和 la Valleé-Poussin 分别独立证明的。根据该定理，如果在 0 到 x 之间随机选取一个整数，其为素数的概率约为 $\dfrac{1}{\ln x}$，因此，生成"可能为素数"的大整数是可行的。

根据费马小定理，如果 p 为素数，则对任意 a，$p \nmid a$，有

$$a^{p-1} \equiv 1 \bmod p \tag{2-3}$$

费马小定理给出了判别一个给定整数是否为合数的充分条件：如果对某个 p，式(2)不成立，则 p 为合数。但如果某个 p 满足式(2)，则仍有可能是合数。当 p 不是素数，而式(2-3)仍然成立时，称 p 为关于基底 a 的伪素数。

对某个 a，如果存在数 p 使得 $a^{p-1} \equiv 1 \bmod p$，则称 p 通过了基底为 a 的伪素数测试（Pseudo Prime Test to Base a）。通过若干次伪素数测试的数在概率上是一个素数。能通过所有基底的伪素数测试的合数被称为 Carmichael 数。

例 2 - 16　$561 = 3 \times 11 \times 17$，2、10 和 16 均能整除 560，故 561 是一个 Carmichael 数，事实上它是最小的 Carmichael 数。

1992 年，Alford、Granville 和 Pomerance 证明了存在无限多个 Carmichael 数。

虽然费马小定理没有直接给出素性检测的一个有效算法，但是许多素性检验算法都是从它发展出来的。特别地，如果增加条件，则可以得到判定素数的结果。19 世纪，卢卡斯得到了下面的素性判别定理。

定理 2 - 14　设正整数 $n > 2$，$n - 1 = p_1^{a_1} \cdots p_t^{a_t}$，$a_j \geqslant 1$，$j = 1, \cdots, t$，$p_1, \cdots, p_t$ 是不

同的素数,如果有整数 $a>1$,使得

$$a^{n-1}\equiv1(\bmod\ n),\ 且\ a^{\frac{n-1}{p_i}}\equiv a(\bmod\ n),\ i=1,\cdots,t$$

则 n 是素数。

1975 年,莱梅等对卢卡斯的结果稍加推广,得到了如下的定理。

定理 2-15　设正整数 $n>2$,如果对 $n-1$ 的每一个素因子 p,存在一个整数 $a=a(p)>1$,使得

$$a^{n-1}\equiv1(\bmod\ n),\ 且\ a^{\frac{n-1}{p}}\not\equiv1(\bmod\ n)$$

则 n 是素数。

以上两个定理可以作为素性检测的确定算法,但判定时必须掌握 $n-1$ 的素因子分解,当 n 较大时,这也是很麻烦的。

实际应用中,人们更倾向于使用素性判定的概率算法。概率算法可分为两种:一种偏"是"(Yes-biased),被称为 Monte Carlo 算法,对于这种算法,回答为"是"时,总是正确的,回答为"否"时有可能不正确;另一种偏"否"(No-biased),被称为 Las Vegas 算法,这种算法回答为"是"时有可能不正确,回答为"否"时总是正确的。

下面介绍密码学中常用的两个素性检测的 Monte Carlo 算法,即 Solovay-Strassen 算法和 Miller-Rabin 算法。在介绍这两个算法之前,有必要补充一些数论知识。

定义 2-18　设 p 为一个奇素数,$p\nmid a$,如果同余方程 $x^2\equiv a(\bmod\ p)$ 有解,则称 a 为模 p 的二次剩余,否则称 a 为模 p 的二次非剩余。

例 2-17　在 Z_{17} 中,模 17 的二次剩余为 1、2、4、8、9、13、15、16,二次非剩余为 3、5、6、7、10、11、12、14。

定理 2-16(欧拉准则)　设 p 为一个奇素数,a 为正整数,则 a 是一个模 p 的二次剩余当且仅当

$$a^{\frac{p-1}{2}}\equiv1(\bmod\ p)$$

定义 2-19　设 p 为奇素数,对于任一整数 a,定义 Legendre 符号 $\left(\dfrac{a}{p}\right)$ 如下:

$$\left(\frac{a}{p}\right)=\begin{cases}0,&a\equiv0\bmod p\\1,&a\ 为模\ p\ 的二次剩余\\-1,&a\ 为模\ p\ 的二次非剩余\end{cases}$$

Legendre 符号有以下性质:

(1) $\left(\dfrac{a}{p}\right)=\left(\dfrac{p+a}{p}\right)$;

(2) $\left(\dfrac{a}{p}\right)\equiv a^{\frac{p-1}{2}}(\bmod\ p)$;

(3) $\left(\dfrac{ab}{p}\right)=\left(\dfrac{a}{p}\right)\left(\dfrac{b}{p}\right)$;

(4) 当 $p\nmid a$ 时,$\left(\dfrac{a^2}{p}\right)=1$;

(5) $\left(\dfrac{1}{p}\right)=1$,$\left(\dfrac{-1}{p}\right)=(-1)^{\frac{p-1}{2}}$。

定义 2 - 20　若 n 是一个奇数，且 n 的素因子分解为 $n = \prod_{i=1}^{k} p_i^{e_i}$，设 a 为整数，那么 Jacobi 符号 $\left(\dfrac{a}{n}\right)$ 定义为

$$\left(\frac{a}{n}\right) = \prod_{i=1}^{k} \left(\frac{a}{p_i}\right)^{e_i}$$

当 n 为素数时，Jacobi 符号就是 Legendre 符号。

Jacobi 符号有如下性质：

(1) $\left(\dfrac{1}{p}\right) = 1$；当 $\gcd(a, p) > 1$ 时，$\left(\dfrac{a}{p}\right) = 0$；当 $\gcd(a, p) = 1$ 时，$\left(\dfrac{a}{p}\right) = \pm 1$；

(2) $\left(\dfrac{a}{p}\right) = \left(\dfrac{a+p}{p}\right)$；

(3) $\left(\dfrac{ab}{p}\right) = \left(\dfrac{a}{p}\right)\left(\dfrac{b}{p}\right)$；

(4) $\left(\dfrac{a}{p_1 p_2}\right) = \left(\dfrac{a}{p_1}\right)\left(\dfrac{a}{p_2}\right)$；

(5) 当 $\gcd(a, p) = 1$ 时，$\left(\dfrac{a^2}{p}\right) = \left(\dfrac{a}{p^2}\right) = 1$。

定理 2 - 17（Gauss 二次互反律）　设 p、q 为奇数且 $\gcd(p, q) = 1$，则有

$$\left(\frac{q}{p}\right)\left(\frac{p}{q}\right) = (-1)^{\frac{p-1}{2} \cdot \frac{q-1}{2}}$$

利用二次互反律及上述性质，可以很方便地计算 Legendre 符号和 Jacobi 符号。

例 2 - 18　$\left(\dfrac{105}{317}\right) = \left(\dfrac{317}{105}\right) = \left(\dfrac{2}{105}\right) = 1$

例 2 - 19　$\left(\dfrac{59}{211}\right) = -\left(\dfrac{211}{59}\right) = -\left(\dfrac{34}{59}\right) = -\left(\dfrac{2}{59}\right)\left(\dfrac{17}{59}\right) = \left(\dfrac{8}{17}\right) = 1$

引理 2 - 1　如果 n 是一个奇素数，则对所有 a，$1 \leqslant a \leqslant n-1$，有

$$a^{\frac{n-1}{2}} \equiv \left(\frac{a}{n}\right) \bmod n \tag{2-4}$$

引理 2 - 2　如果 n 是一个奇合数，则至多有一半满足 $1 \leqslant a \leqslant n-1$ 和 $\gcd(a, n) = 1$ 的整数满足式(2-4)。

下面介绍由 Robert Solovay 和 Volker Strassen 开发的素性检测算法，这个算法的理论根据是引理 2-1 和引理 2-2。

Solovay-Strassen 算法包括以下步骤：

(1) 随机选取整数 a，使得 $1 \leqslant a \leqslant n-1$；

(2) 如果 $\gcd(a, n) \neq 1$，则 n 为合数；

(3) 计算 $j = a^{\frac{n-1}{2}} \bmod p$；

(4) 计算 Jacobi 符号 $\left(\dfrac{a}{n}\right)$，如果 $j \neq \left(\dfrac{a}{n}\right)$，那么 n 为合数；

(5) 如果 $j = \left(\dfrac{a}{n}\right)$，那么 n 不是素数的可能性至多为 50%。

当 $j=\left(\dfrac{a}{n}\right)$ 时，数 a 被称为 n 是素数的一个证据。由引理 2-2 知，如果 n 是合数，随机选择的 a 是证据的概率不小于 50%，随机选择 t 个不同的 a 值，重复做 t 次测试，当通过所有测试后，n 为合数的可能性不超过 $\dfrac{1}{2^t}$。

Solovay-Strassen 算法的计算复杂度为 $O((\lg n)^3)$，它是一个多项式时间算法。

另一种素性检测算法是 Miller-Rabin 算法，这是美国国家标准与技术研究院(National Insistute of Standards and Technology，NIST)的决策支持系统(Decision Support System，DSS)协议中推荐算法的简化版，该算法易实现，且已被广泛使用。

设待检测的整数为 n，Miller-Rabin 算法包含如下步骤：

(1) 计算 2 整除 $n-1$ 的次数 b(即 2^b 是能整除 $n-1$ 的 2 的最大幂)，然后计算 m，使得 $n=1+2^b m$；

(2) 设置循环次数 t，然后对 i 从 1 到 t 循环执行如下操作：

① 选择小于 n 的随机数 a；

② 计算 $z=a^m \bmod p$；

③ 如果 $z\neq 1$ 且 $z\neq n-1$，则执行如下循环代码，否则转④：

```
j=0;
while(j<b)and(z! =n-1){
z=z² mod n;
if(z= =1) return 0;        //n 为合数时返回 0
else j++;
}
```

如果 $z\neq n-1$，则返回"n 为合数"；

④ 返回"n 为素数"。

Miller-Rabin 算法是一个多项式时间算法，其时间复杂度为 $O((\lg n)^3)$，与 Solovay-Strassen 算法相同。研究结论表明，在 Miller-Rabin 算法中，随机选择的 a 是一个证据的概率不小于 75%，因此在实际运行中，Miller-Rabin 算法要优于 Solovay-Strassen 算法。

2.3　计算复杂性理论

信息论和计算复杂性理论是现代密码学的两大基础。计算复杂性理论的核心内容是 NP 完全性理论，而 NP 完全问题是否难解是当代数学和计算机科学中尚未解决的最重要的问题之一。公钥密码的理论基石是 NP 完全问题的难解性，如果对 NP 完全问题能找到有效解法，则绝大多数公钥密码体制将面临着被攻破的威胁。本节介绍计算复杂性理论的基本内容，包括问题、算法与时间的复杂性，P 与 NP 以及公钥密码中的常用困难问题。

2.3.1　问题、算法与时间复杂性

计算复杂性理论是理论计算机科学中有关可计算理论的分支，它使用数学方法对计算中所需的各种资源的耗费作定量的分析，并研究各类问题之间在计算复杂程度上的相互关

系和基本性质，是算法分析的理论基础。

计算机在求解计算问题时，需要耗费一定的时间和存储空间等资源。资源的耗费量是问题规模的函数，称为问题对该资源需求的复杂度。计算复杂性理论主要研究分析复杂度函数随问题规模大小而增长的阶，探讨它们对于不同的计算模型在一定意义下的无关性；根据复杂度的阶对被计算的问题分类；研究各种不同资源耗费之间的关系；估计一些基本问题的资源耗费情况的上、下界，等等。

计算复杂性理论中常用到计算模型、问题、算法、时间复杂性等基本概念，下面逐一介绍。

1. 计算模型

为了深入研究计算过程，需要定义一些抽象的机器，一般将这些机器称为计算模型。单带图灵机就是一种最基本的计算模型，此外还有多带图灵机、随机存取机等串行计算模型以及向量机等并行计算模型。

2. 问题

问题就是需要回答的一般性提问，或者可以看作是要在计算机上求解的对象。通常一个问题包含若干个参数或未给定具体取值的自由变量。

问题的描述包括两方面内容：

（1）所有参数的一般性描述；

（2）陈述答案或解必须满足的性质。

如果对问题中的所有未知参数指定了具体的值，就构造了该问题的一个实例。

例 2 - 20　巡回售货员（Traveling Salesman，TS）问题。

售货员在若干个城市推销货物，已知城市间距离，求经过所有城市的一条最短路线。

参数：城市集合 $C = \{C_1, C_2, \cdots, C_n\}$；$C$ 中每两个城市之间的距离 $d(C_i, C_j)$，$i, j \in \{1, \cdots, n\}$。

求解：这些城市的一个排列次序 $\langle C_{\pi(1)}, C_{\pi(2)}, \cdots, C_{\pi(n)} \rangle$，使得

$$\left[\sum_{i=1}^{n-1} d(C_{\pi(i)}, C_{\pi(i+1)}) \right] + d(C_{\pi(n)}, C_{\pi(1)})$$

最小。其中 π 为 $\{1, \cdots, n\}$ 上的置换。

3. 算法

算法就是求解某个问题的一系列步骤，也可以理解为求解问题的通用程序。算法的准确性和效率是衡量算法性能的两个重要指标，此外，算法的性能还受运行范围、经济性等因素影响。算法的效率用算法在执行中所耗费的计算机资源来度量，包括时间、存储量和通信量等。

如果一个算法能解答一个问题的所有实例，就说该算法能解答这个问题。对某个问题而言，如果至少存在一个算法可以解答这个问题，就说这个问题是可解的（Resolvable），否则称其为不可解的（Unresolvable）。

4. 时间复杂性

算法的时间复杂性对应于问题实例规模 n 的函数。对每个可能的问题实例，时间复杂性函数给出用该算法解这种规模的问题实例所需要的最长时间。

时间复杂性函数和问题的编码方案与决定算法执行时间的计算模型有关。不同的算法具有不同的时间复杂性，根据时间复杂性可以将算法分为多项式时间算法（Polynomial Time Algorithm）和指数时间算法（Exponential Time Algorithm）。

一般用符号"O"来表示函数的数量级。对于函数 $f(x)$，如果存在常数 c 和 n_0，使得对于所有的 $n \geqslant n_0$，都有 $|f(n)| \leqslant c|g(n)|$，其中 $g(n)$ 是一个函数，则认为 $f(n) = O(g(n))$。例如，设 $f(n) = 2n^2 + 7n + 3$，如果取 $g(n) = n^2$，$c = 3$，$n_0 = 8$，则当 $n \geqslant n_0$ 时，$|f(n)| \leqslant c|g(n)|$，故 $f(n) = O(n^2)$。

令算法的输入长度为 n，则多项式时间算法是指时间复杂性函数为 $O(p(n))$ 的算法，其中 $p(n)$ 为关于 n 的多项式，设 $p(n) = a_t n^t + a_{t-1} n^{t-1} + \cdots + a_1 n + a_0$，$t \in \mathbf{Z}^+$，则算法的时间复杂性为 $O(n^t)$，这里只保留最高次项，低次项和常数项都可忽略不计。

狭义的指数时间算法是指时间复杂性为 $O(a^{h(n)})$ 的算法，其中 a 为常量，$h(n)$ 是一个多项式，广义的指数时间算法则包含除多项式时间算法之外的所有其他算法，比如时间复杂性为 $O(n^{\log n})$ 或 $O(e^{\sqrt{n \ln n}})$ 的算法。

随着问题实例规模的 n 增大，指数时间算法所耗费的时间将呈指数递增，而多项式时间算法可以将解决问题的时间控制在合理的范围之内，所以多项式时间算法被认为是"高效"的算法。事实上，大多数指数时间算法只是穷举搜索法的变种，而多项式时间算法通常只有在对问题的结构有了某些比较深入的了解之后才能构造出来。如果一个问题不存在多项式时间算法来解决，则认为这个问题是"难解的"。

2.3.2　P 与 NP

所谓 P 问题，是指可以被高效求解的计算问题，而 NP 表示其解的正确性可以被高效验证的计算问题。根据日常经验，通常人们认为，解决一个问题要比检验给定解的正确性更加困难（例如分解整数）。如果这一点成立，则认为"P 不同于 NP"。

"P 与 NP 是否相同"是一个意义深远的基本科学问题，这个问题迄今为止还没有得到彻底证明，对它的研究则促进了 NP 完全性理论的发展。在 NP 完全性理论中，人们证明了某些困难问题是 NP 完全的（NP-complete），如果这些问题的其中一个存在高效解法，则所有 NP 问题都是易解的。

1971 年，Stephen Cook 在其著名论文"定理证明过程的复杂性"中成功证明了第一个 NP 完全问题，为 NP 完全性理论奠定了基础。Stephen Cook 主要做了以下三个开创性工作：

第一，强调"多项式时间可归约性"。所谓归约，是指构造一种变换，能把一个问题转化为另一个问题，如果这种变换能在多项式时间算法内实现，则称其为多项式时间归约算法。如果存在从第一个问题到第二个问题的多项式时间归约算法，则必定可将解决第二个问题的任何多项式时间算法转换为解决第一个问题的多项式时间算法，从而蕴含着"问题一不会比问题二更困难"。

第二，将讨论重点集中于 NP 类判定问题上。实际中许多非判定问题都能转化为判定问题的形式。NP 类判定问题是指可以用非确定型计算机在多项式时间内解决的问题，许多难解问题所对应的判定问题基本上都属于 NP 类判定问题。

第三，证明了 NP 类中一个名为"可满足性问题"的具体问题具有这样的性质：NP 类中的所有其他问题都可以多项式归约为这个问题，如果"可满足性问题"可以用多项式时间算法解决，那么 NP 类中的所有其他问题也都可以用多项式时间算法解决。如果 NP 类中的某个问题是难解的，那么"可满足性问题"也一定是难解的。因此可以认为，"可满足性问题"是 NP 类中"最难"的问题。

最后，Cook 认为 NP 类中的一些其他问题可能具有与"可满足性问题"类似的性质，即属于 NP 类中"最难"的问题。Richard Karp 证明了许多著名的组合问题的判定问题形式确定恰好与"可满足性问题"具有相同的难度，并将这类问题定义为 NP 完全问题，它由 NP 中所有"最难"的问题组成。Karp 因此获得了 1985 年的图灵奖。Cook 的这种思想实际上将许多看上去毫不相干的复杂性问题合并为一大类，即 NP 完全问题，现在已经证明了 1000 多个不同的 NP 完全问题。

NP 完全性理论的价值在于，当我们面对一个复杂问题找不到多项式时间算法来解决时，自然会思考这个问题是否为 NP 完全问题。然而在许多情况下证明一个问题的难解性与寻找多项式时间解法的难度是相近的。NP 完全性理论提供了许多简单的方法来证明一个给定问题与大量的其他问题"一样难"，而这些问题普遍被认为是很困难的。在证明某个问题是 NP 完全问题之后，就要对算法降低要求，不要去寻找有效的、精确的算法，而是针对问题的各种特殊实例来寻找有效算法，或者寻找在大多数情况下能快速运算的算法。

2.3.3　公钥密码中的常用困难问题

公钥密码要求加密密钥公开、解密密钥保密，且从公开密钥出发很难求出解密密钥。因此在某种意义上，公钥密码的加密过程实际上是一个陷门单向函数。所谓单向函数是指易求值但难求逆的函数，而陷门单向函数是包含一组秘密信息（陷门）的特殊单向函数，已知陷门信息时对函数求逆是容易的。

为了构造公钥密码，人们常借鉴来自数论、代数、编码理论及其他领域的困难问题。最常用的困难问题有如下几个。

1. 分解大整数问题

所谓整数分解，是指将一个给定的整数分解成为素因子的乘积，当这个数的素因子较小时，要分解该数是比较容易的，但当给定的整数素因子都很大时，目前为止还没有好的算法来求解，现有的方法都是穷举搜索法的变形。一种极端情况是，设整数 $n = pq$，且 p、q 为非常接近的两个大素数，此时分解 n 的难度极大。

这种极端情况下的整数分解又称 RSA 问题，这是由于公钥密码体制 RSA 是基于分解两个大素数乘积的困难性而构造的。

已知 N 是两个大素数的乘积，RSA 问题表现为如下四种形式：

(1) 求出 N 的两个因子；

(2) 给定整数 m，c，求 d 使 $c^d \equiv m \bmod N$；

(3) 给定整数 e，c，求满足 $m^e \equiv c \bmod N$ 的整数 m；

(4) 给定整数 x，决定是否存在整数 y，使 $x \equiv y^2 \bmod N$。

分解整数常用的算法是 Eratosthenes 筛法，其原理很简单——为了判定一个给定的正整数 N 是否为素数，可以用小于 $\sqrt{N}$ 的所有素数试除，如果均不能除尽，则 N 为素数，只要有一个能除尽，则 N 为合数。这种方法称为厄拉多塞（Eratosthenes）筛法，它由古埃及数学家 Eratosthenes 发明，是最古老的素数检测方法。后来又出现了二次筛法和数域筛法等改进算法，但总体而言它们都属于穷举搜索法的变形。

1984 年，密码学家肖尔（Shor）利用量子并行计算构造了能快速分解整数和求解离散对数问题的算法。如果在一台有 100 个量子比特的量子计算机上运行肖尔的算法，那么分解一个上百位的整数可以在一瞬间完成。这似乎暗示着随着量子计算时代的到来，分解整数可能将不再是一个困难问题。

2. 背包问题

背包问题的描述如下：已知一个背包中最多可装入的重量为 K，现有 n 个重量分别为 $a_1, a_2, \cdots, a_n$ 的物品，从这 n 个物品中选出若干个恰好装满背包。

背包问题在数学上被描述为子集合问题：从一个给定的正整数集合 $\{a_1, a_2, \cdots, a_n\}$ 中寻找一个其和等于 K 的子集，即求解不定方程 $\sum_{i=1}^{n} x_i a_i = K$ 的解向量 $\boldsymbol{X} = (x_1, x_2, \cdots, x_n)$，其中 $x_i \in \{0, 1\}$。

背包问题是一个 NP 完全问题，目前不存在多项式解法。对于一个给定的问题实例，有效的解法是穷举搜索解空间 F_2^n，直到找出满足条件的解；反之，如果给定一个二元向量，就很容易验证它是不是问题实例的解。

例 2-21 背包问题的一个实例

设 $n=10$，物品重量集合 $A = (24, 103, 85, 114, 10, 69, 211, 6, 27, 32)$，背包重量 $K=329$。

要解决此问题，相当于求解不定方程 $\sum_{i=1}^{10} x_i a_i = 329$，需要穷举搜索 2^{10} 次，但若给定向量 $\boldsymbol{\alpha} = (1\ 0\ 1\ 1\ 1\ 1\ 0\ 0\ 1\ 0)$，则易验证它是不是背包问题的解。事实上，可得

$$x_1 a_1 + x_3 a_3 + x_4 a_4 + x_5 a_5 + x_6 a_6 + x_9 a_9 = 24 + 85 + 114 + 10 + 69 + 27 = 329$$

3. 离散对数问题

已知 p 是素数，给定 g, m，求整数 x，使 $g^x \equiv m \bmod p$，该问题同样是一个难解易验证的问题。

例 2-22 设 $p=13, g=2, m=10$，为了求出满足 $g^x \equiv m \bmod p$ 的 x，可以将 3 的所有幂列在一张表中，再查出 x。

x	1	2	3	4	5	6	7	8	9	10	11	12	13
$g^x \bmod p$	2	4	8	3	6	12	11	9	5	10	7	1	2

查表求得 $x=10$。

离散对数问题在公钥密码的构造中十分重要，许多常见的公钥密码算法其安全性都可归结为在一个较大的域中求离散对数，并且普遍认为离散对数的困难性要高于整数分解。

目前存在以下几种求解离散对数问题的算法：

Shanks 算法：类似于大整数因子分解的试除法，若 p 达到 1024 位，则试除次数将是一个天文数字，即使超级计算机也无法完成。

Pollard 算法：针对 $p-1$ 有素因子的特殊情况进行求解。

Pohlig-Hellman 算法：这是一种指数演算法。

其他困难问题还包括格上困难问题、来自编码理论的困难问题、椭圆曲线离散对数问题等，基于这些问题而构造的公钥密码，在理论和实践上都具有重要的意义。

习　　题

1. 令 G 是由一切数对 (a,b) 所构成的集合，a、b 为有理数，且 $a\neq0$，问 G 对于乘法
$$(a_1,b_1)(a_2,b_2)=(a_1a_2,a_2b_1+b_2)$$
是否构成群？为什么？

2. 证明：全体偶数关于加法构成群。

3. 证明：n 个元素的全体置换关于合成运算构成一个群。

4. 设 G 为 n 阶有限群，对任意 $a\in G$，满足 $a^m=e$ 的最小正整数 m 称为元素 a 的阶，证明 $m\mid n$。

5. 设 $G=\{2^m3^n\mid m,n\in\mathbf{Z}\}$，证明：$G$ 关于数的乘法构成群。

6. 证明：整数加群同构于偶数加群。

7. 设 Z 为整数加群，$H=\{7x\mid x\in Z\}$。

(1) 证明：H 构成 Z 的子群。

(2) 写出 H 的所有陪集。

8. 证明：下列四个四元置换
$$\pi_1=\begin{pmatrix}1&2&3&4\\1&2&3&4\end{pmatrix},\ \pi_2=\begin{pmatrix}1&2&3&4\\1&2&4&3\end{pmatrix},\ \pi_3=\begin{pmatrix}1&2&3&4\\2&1&3&4\end{pmatrix},\ \pi_4=\begin{pmatrix}1&2&3&4\\2&1&4&3\end{pmatrix}$$
关于置换的合成运算构成群，试写出该群的乘法表，并且求出单位元及 π_1^{-1}，π_2^{-1}，π_3^{-1}，π_4^{-1}。

9. 设按顺序排列的 13 张红心纸牌
$$A,2,3,4,5,6,7,8,9,10,J,Q,K$$
经一次洗牌后牌的顺序变为
$$3,8,K,A,4,10,Q,J,5,7,6,2,9$$
问：再经两次同样方式的洗牌后牌的顺序是怎样的？

10. 设 $a(x)=x^7+x^4+x^2+x+1,b(x)=x^5+x^2+x+1$ 为 F_2 上的两个多项式，求 $\gcd(a(x),b(x))$。

11. 设 n 为整数，证明：$\gcd(n,n+1)=1$。

12. 证明：设 n 为大于 2 的正整数，如果 n 不能被所有不大于 $\sqrt{n}$ 的素数整除，则 n 是素数。

13. 证明：对任意整数 n，有

(1) $6\mid n(n+1)(n+2)$。

(2) $8\mid n(n+1)(n+2)(n+3)$。

(3) $24\mid n(n+1)(n+2)(n+3)$。

(4) 若 2 不整除 n，则 $8\mid(n^2-1)$ 及 $24\mid n(n^2-1)$。

14. 设 n 是大于 2 的整数，证明：n 和 $n!$ 间有素数，由此证明素数有无穷多个。

15. 利用费马定理计算 $3^{201} \bmod 11$。

16. 什么是欧拉函数？

17. 证明当 $n>2$ 时，$\varphi(n)$ 为偶数。

18. 证明：当 p 为素数时，$\varphi(p^i)=p^i-p^{i-1}$。

19. 求解同余方程组 $\begin{cases} x \equiv 12 \bmod 25 \\ x \equiv 9 \bmod 26 \\ x \equiv 23 \bmod 27 \end{cases}$。

20. 求解同余方程组 $\begin{cases} 13x \equiv 4 \bmod 99 \\ 15x \equiv 56 \bmod 101 \end{cases}$。

21. 什么是 Monte Carlo 算法？什么是 Las Vegas 算法？什么是偏"是"的 Monte Carlo 算法？什么是偏"否"的 Monte Carlo 算法？

22. Miller-Rabin 测试可确定一个数不是素数，但不能确定一个数是素数，该算法如何用于素性检测？

23. 证明：若 n 是奇合数，则对 $a=1$ 和 $a=n-1$，Miller-Rabin 测试将返回"不确定"。

24. 若 n 是合数，且对底 a 通过了 Miller-Rabin 测试，则称 n 为对底的强伪素数。证明 2047 是对底 2 的强伪素数。

25. 什么是算法的时间复杂性？时间复杂性与哪些因素有关？

26. 什么是指数时间算法？什么是多项式时间算法？

27. 设 $p=11$，$g=3$，$m=4$，求满足 $g^x \equiv m \bmod p$ 的 x。

第 3 章 分 组 密 码

分组密码是对称密码学的一个重要分支，对保障网络空间安全起重要作用。分组密码除了用于数据加密以外，还可以构造伪随机数发生器、消息认证码和哈希函数等，是加解密技术、消息认证技术、数据完整性机制、实体认证协议等技术的核心组成部分。1977 年，美国国家标准局（NBS）公布了著名的数据加密标准（Data Encryption Standard，DES）算法。尽管 DES 算法已经逐步退出历史舞台，但对它的研究极大地促进了分组密码理论的发展。1997 年美国国家标准与技术研究院（NIST）发起了高级加密标准的征集活动，即 AES（Advanced Encryption Standard）计划，最终 Rijndael 算法胜出，于 2001 年被确立为高级加密标准（AES）。在该计划中，密码学界对分组密码的设计与分析理论进行了广泛而深入的研究，分组密码理论日趋完善。2012 年 3 月，我国自主研制的分组密码算法 SM4 被国家密码管理局确定为国家密码行业标准及国家标准。

3.1 分组密码的设计要求与结构特征

3.1.1 分组密码的设计要求

对称密码体制按照加密方式的不同，可分为分组密码和序列密码（也叫流密码）。顾名思义，分组密码是将明文分组后进行变换。分组密码可以描述为：编码后的明文信息序列 $x_0, x_1, \cdots, x_i, \cdots$ 划分成长为 n 的组 $x = (x_0, x_1, \cdots, x_{n-1})$，各组分别在密钥 $k = (k_0, k_1, \cdots, k_{t-1})$ 的控制下变换成等长的输出序列 $y = (y_0, y_1, \cdots, y_{m-1})$。密文分组中的每一个字符与明文和密钥的每一个字符都相关。

假设一个明文分组中有 n 比特，加密后的密文分组为 m 比特。若 $m < n$，则称该分组密码为有数据压缩的分组密码；若 $m > n$，则称该分组密码为有数据扩展的分组密码；若 $m = n$，则称该分组密码为等长的分组密码。在不作特别说明的情况下，分组密码都是指等长的分组密码。

分组密码将 n 比特的明文变换为 n 比特的密文，明文和密文都可以看作是 $GF(2^n)$ 上的元素，因此一个分组长度为 n、密钥长度为 t 的分组密码，可以看作是在 2^t 个密钥控制下的 $GF(2^n)$ 到 $GF(2^n)$ 的置换。从 $GF(2^n)$ 到 $GF(2^n)$ 的置换有 $2^n!$ 个不同的方式，因而用来加密的置换只是全体置换所构成集合的子集。分组密码对一组明文进行变换，每当选定一个密钥，该密码算法就能迅速地从置换子集中选一个置换以得到相应的密文。

根据密码设计的 Kerckhoffs 准则，一个密码体制的安全性应该全部依赖于密钥的安全性，也就是说，加密函数 $E(\cdot, k)$ 和解密函数 $D(\cdot, k)$ 是很容易计算的，但要从方程 $y = E(x, k)$ 或 $x = D(y, k)$ 中获得 k 应该是困难的。为了将密钥作用到算法中并且不容易恢复，密码算法要足够复杂，以满足算法的安全性。分组密码的安全性原则主要基于 Shannon 提出的混乱原则和扩散原则，它们是分组密码算法设计的基石。

混乱原则：设计的密码应使得明文、密文和密钥三者之间的依赖关系相当复杂，以至于这种依赖性对密码分析者来说是无法利用的。

扩散原则：密码算法应该使得明文和密钥的每一比特影响密文的许多比特，从而便于隐蔽明文的统计特性。该原则强调输入的微小改变将导致输出的多位变化，因此扩散又被形象地称为雪崩效应。

为了充分实现混乱和扩散，使密码算法足够复杂，分组密码采用迭代的方法完成加解密。迭代是将加密函数 f 在密钥的控制下进行多次运算，每一次迭代称作一轮，函数 f 称作轮函数。这样做可以使一个较易分析和实现的简单函数经过多次迭代后成为一个复杂的密码算法，既能达到充分的安全性，又易于实现。

在迭代型分组密码中，各轮所使用的密钥称为轮密钥，每一轮的输入为上一轮的输出和本轮的子密钥。轮密钥由一个较短的种子密钥经过密钥生成算法（也称为密钥扩展算法）产生，这样可以使通过秘密信道传输的密钥量小，安全性提高。密钥生成算法与加密算法一样，也是公开的。

综上所述，对分组密码有如下设计要求：

(1) 分组长度足够大。为了防止对明文的穷举攻击，明文分组长度应该足够大，从而使明文空间足够大。这里明文空间指的是所有可能的明文的数量。事实上，明文空间随着明文长度的增加而呈指数增长，如明文分组长度为 n 比特，则明文空间为 2^n。如 DES 中的分组长度为 64 比特，而 AES 的分组长度为 128 比特。

(2) 密钥量要足够大。为了防止对密钥的穷举攻击，种子密钥应该足够长，密钥量与密钥长度之间存在着指数关系。但另一方面，为方便密钥管理，密钥又不能过长。例如 DES 采用 56 比特的有效密钥，依照目前的计算能力来看已经太短了。AES 采用的是 128 比特种子密钥，该长度尚且安全。

(3) 算法足够复杂，充分实现明文与密钥的混乱和扩散。这里的复杂并不是指算法难以实现，恰恰相反，分组密码的实现效率是比较快的。这里的复杂是指明文、密文和密钥的代数关系比较难以获得，复杂的算法能够隐藏密文与明文、密文与密钥间的统计相关性，同时能够抵抗各种已知的攻击，使敌手在获得明文或密钥信息时，除了穷尽搜索，没有更好的办法。

上述条件都是基于安全性考虑的，这是设计分组密码的必要条件，除了安全性条件外，还要考虑密码的实现性能。根据不同应用环境，分组密码既可以用软件实现，又可以用硬件实现。软件实现的优点是灵活性强、实现代价低；硬件实现的优点是可以获得很高的实现效率。

(1) 软件实现要求：密码算法应尽可能使用适应软件编程的字块和简单的运算。比如采用 8、16、32 位的字块长度，模加运算、移位、异或等易于处理的基本运算。

(2) 硬件实现要求：为了节约成本、减少硬件逻辑门的数量，一般将算法的加解密设计成具有相似性，即同样的器件既可以用来加密，又可以用来解密。

根据分组密码的上述设计要求，我们发现迭代分组密码算法与上述要求基本相符。目前已知的分组密码算法大都是迭代分组密码。

3.1.2 分组密码的结构特征

一个分组密码通常由加密算法、解密算法和密钥扩展算法三个部分组成，解密算法是加密算法的逆算法，一旦加密算法确定，解密算法也确定了。所以设计迭代分组密码的重点是设计加密算法和密钥扩展算法。在设计加密算法时，首先要选取一个迭代结构，这是分组密码的整体特征。Feistel 结构和 SPN 结构是最常见的两种结构。

1. Feistel 结构

Feistel 结构是由 20 世纪 70 年代美国 IBM 公司 Horst Feistel 在设计 Lucifer 密码（DES 算法的前身）时提出的一种结构，后因 DES 算法而流行。Feistel 结构在分组密码的设计中起着非常重要的作用，至今许多著名的分组密码都采用这种结构，如日本快速数据加密算法 FEAL、欧洲新的分组密码标准 Camellia 算法等。一轮 Feistel 加密结构如图 3-1 所示。

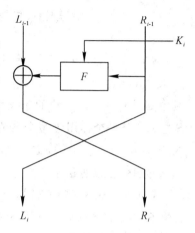

图 3-1　一轮 Feistel 加密结构

在 Feistel 加密结构中，数据长度为 $2w$ 比特，迭代 r 轮，其加密流程可以分为以下三个步骤：

（1）将 $2w$ 比特的明文 P 分为左右两部分，即 $P=L_0R_0$，L_0 和 R_0 分别为 w 比特。

（2）对 L_0 和 R_0 进行 r 轮相同的迭代，迭代规则如下：

$$\begin{cases} L_i=R_{i-1} \\ R_i=L_{i-1}\oplus F(R_{i-1},\ K_i), \quad i=1,\ 2,\ \cdots,\ r \end{cases}$$

其中 F 为轮函数，输入为上一轮的右半部分 R_{i-1} 和本轮的密钥 K_i；轮密钥 K_1，K_2，$\cdots$，K_r 由种子密钥通过密钥扩展算法生成。

（3）输出密文 $C=R_rL_r$。

简言之，Feistel 结构是将一组明文分为两半，其中的一半用于修改另一半，然后将这两半交换，以便于在下一次迭代中没有变化的一半也得到改变。值得注意的是，为了使加密算法可以同时用于解密，也就是具有加解密一致性，加密算法的最后一轮略去"左右变换"。容易验证：如果将轮密钥 K_1，K_2，$\cdots$，K_r 的顺序调整为 K_r，K_{r-1}，$\cdots$，K_1，然后将 $C=R_rL_r$ 作为加密算法的明文输入，那么输出的密文为 $P=L_0R_0$。即：将密钥按照反序来使用，将密文进行加密，其效果为解密回原来的明文。加解密一致性是 Feistel 结构密码的一大优点，然而付出的代价是算法需要两轮才能改变输入的每一个比特，数据的扩散性较差。

2. SPN 结构

SPN 结构是除了 Feistel 结构以外的另一种著名结构，它因美国高级加密标准 AES 算法采用该结构而流行。SPN 结构是对 Shannon 混乱和扩散原则的直接实现。一轮 SPN 加密结构如图 3-2 所示。

在 SPN 加密结构中，数据长度为 n 比特，迭代 r 轮，其加密流程可以分为如下三个步骤：

(1) 给定输入明文 X，把明文分成 t 个相同长度的字块，字块的长度通常是计算机字的长度：4，8，16，32 比特等，记为

$$X=(X_1, X_2, \cdots, X_t)=(X_1^{(0)}, X_2^{(0)}, \cdots, X_t^{(0)})$$

(2) 进行 r 轮完全相同的迭代，将密钥和数据相融合：

$$(X_1^{(i)}, X_2^{(i)}, \cdots, X_t^{(i)})=P(S(X_1^{(i-1)}, K_1^{(i-1)}),$$
$$S(X_2^{(i-1)}, K_2^{(i-1)}), \cdots, S(X_t^{(i-1)}, K_t^{(i-1)}))$$

其中 S 为作用于各字块的非线性可逆变换，通常称为 S 盒；P 是一个作用于整个分组的线性变换，通常称为 P 置换；$K_1^{(i-1)}, \cdots, K_t^{(i-1)}$($1 \leqslant i \leqslant r$)是由种子密钥通过密钥扩展算法生成的各轮子密钥。

(3) 输出密文 $C=(X_1^{(r)}, X_2^{(r)}, \cdots, X_t^{(r)})$。

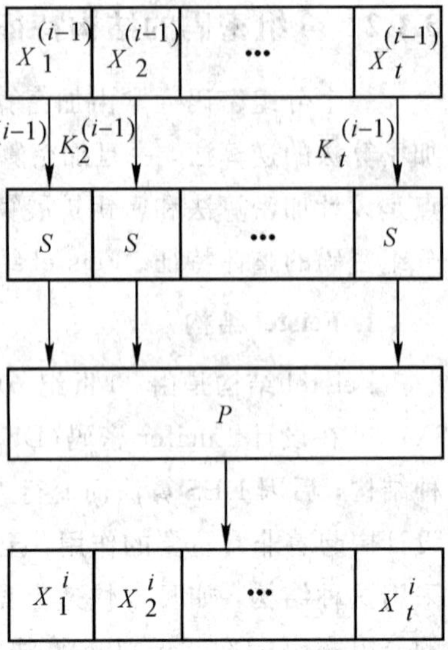

图 3-2　一轮 SPN 加密结构

SPN 结构通过轮流使用 S 盒和 P 置换来实现混乱和扩散，S 称为混乱层，主要起混乱的作用；P 称为扩散层，主要起扩散的作用。SPN 结构的优点在于它具有非常清晰的混乱和扩散结构，当明确了组件 S 和 P 的某些密码指标后，设计者能估计 SPN 结构的密码抵抗差分攻击和线性攻击的能力。SPN 结构是与 Shannon 关于密码安全性设计原则吻合得最好的结构。和 Feistel 结构相比，SPN 结构可以得到更快的扩散，但是 SPN 结构通常不具备加解密一致性。为了兼顾实现效率，一般来说，SPN 结构密码算法的迭代轮数比 Feistel 结构密码算法的迭代轮数要少。

除了 Feistel 结构和 SPN 结构以外，比较常用的算法结构还有 Lai-Massey 结构和广义 Feistel 结构。Lai-Massey 结构的代表算法是国际数据加密算法(International Data Encryption Algorithm，IDEA)等；广义 Feistel 结构代表算法有我国无线局域网标准推荐的分组密码算法 SM4 等。

3.1.3　分组密码的工作模式

分组密码在加密时，明文分组的长度是固定的，而在实际应用中，待加密消息的数据量是不固定的，数据格式可能多种多样。为了能在各个场合使用分组密码加解密，给分组密码设计了一些工作模式。1980 年 NIST(美国国家标准与技术研究院)针对 DES(数据加密标准)分组密码公布了四种工作模式：电子密码本(Electronic Code Book，ECB)模式、密码分组链接(Cipher Block Chaining，CBC)模式、密码反馈(Cipher FeedBack，CFB)模式和输出反馈(Output FeedBack，OFB)模式。2001 年 12 月，NIST 公布了 AES(高级加密标准)的五种工作模式，即 ECB、CBC、CFB、OFB 和 CTR(CounTeR)计数器模式。

有了分组密码的工作模式，就能够对任意形式的明文高效地加密了，如 CBC、CFB 等工作模式，在提供保密性的同时还能起到认证等作用。

3.2　数据加密标准(DES)

3.2.1　DES 的历史

20 世纪六七十年代，随着计算机在通信网络中的应用，对信息处理设备标准化的要求越来越迫切，加密产品作为信息安全的核心，自然也有标准化需求。

1973 年，美国国家标准局(National Bureau of Standards，NBS)发布了公开征集标准密码算法的请求，并确定了一系列的设计准则，包括：

(1) 算法应具有较高的安全性；

(2) 算法必须是完全确定的，没有含糊之处；

(3) 算法的安全性必须完全依赖于密钥；

(4) 算法对于任何用户必须是不加区分的；

(5) 用于实现算法的电子器件必须很经济。

1974 年，国际商业机器(International Business Machines Corporation，IBM)向 NBS 提交了由 Tuchman 博士领导的小组设计并经改造的 Luciffer 算法。美国国家安全局(National Security Agency，NSA)组织专家对该算法进行了鉴定，使其成为 DES 的基础。1975 年 NBS 公布了这个算法，在做了大量的讨论之后，DES 于 1977 年被正式批准，作为美国联邦信息处理标准，即 FIPS - 46，并于同年 7 月 15 日宣布生效。之后，DES 一直被美国政府、军队广泛使用，后来又被美国商界和世界其他国家采用。

从 1977 年开始，NSA 每隔五年组织对 DES 进行评估，以考虑是否将其继续作为联邦加密标准。算法的最后一次评估是在 1994 年，NBS 决定从 1998 年 12 月起不再使用 DES，原因是随着计算能力的提高，56 比特密钥的 DES 算法已经存在很大的安全风险。1997 年，美国国家标准协会(American National Standards Insistute，ANSI)开始征集 AES。2000 年，选定比利时密码学家 Joan Daemen 和 Vincent Rijmen 设计的 Rijndael 算法作为新的标准。

虽然 DES 已不再作为数据加密标准，但 DES 算法的出现是分组密码发展史甚至整个密码学发展史上的一件大事，它的使用时间之久、范围之大，是其他分组密码算法不能企及的，而 DES 的成功则归因于其精巧的设计和结构，学习 DES 算法的细节有助于我们深入了解分组密码的设计方法，理解如何通过算法实现混乱和扩散准则，从而快速地掌握分组密码的本质问题。

3.2.2　DES 算法细节

DES 是 Feistel 结构密码，明文分组长度是 64 比特，密文分组长度也是 64 比特。其加密过程要经过 16 轮迭代，种子密钥长度为 64 比特，但其中有 8 比特奇偶校验位，因此有效密钥长度是 56 比特，密钥扩展算法生成 16 个 48 比特的子密钥，在 16 轮迭代中使用。解密与加密采用相同的算法，并且所使用的密钥也相同，只是各个子密钥的使用顺序不同。

　　DES算法的全部细节都是公开的,其安全性完全依赖于密钥的保密。

　　DES算法包括:初始置换IP、16轮迭代、逆初始置换IP^{-1}以及密钥扩展算法,加密流程如图3-3所示。

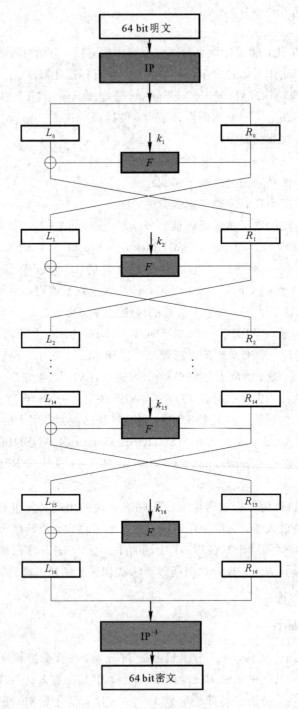

图 3 - 3　DES算法加密流程图

　　下面分别介绍加密流程中的各个部分。

1. 初始置换 IP

将 64 比特的明文重新排列，而后分成左右两块，每块 32 比特。初始置换 IP 如图 3 - 4 所示。通过对这张置换表进行观察，可以发现，IP 中相邻两列元素位置号数相差为 8，前 32 个元素均为偶数号码，后 32 个均为奇数号码，这样的置换相当于将原明文各字节按列写出，各列比特经过偶采样和奇采样置换后，再对各行进行逆序排列，阵中元素按行读出便构成置换的输出。

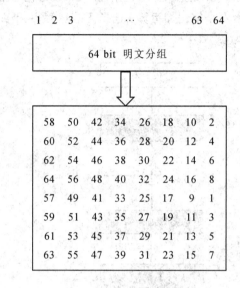

图 3 - 4 初始置换 IP

2. 逆初始置换 IP⁻¹

在 16 轮迭代之后，将左右两段合并为 64 比特，进行置换 IP^{-1}，输出 64 比特密文，如图 3 - 5 所示。

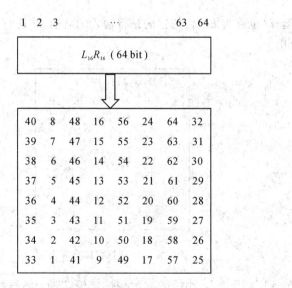

图 3 - 5 逆初始置换 IP^{-1}

输出为表中元素按行读出的结果。

IP 和 IP^{-1}的输入与输出是已知的——对应关系,它们的作用在于打乱原来输入的 ASCII 码字划分,并将原来明文的校验位 p_8,p_{16},…,p_{64}变为 IP 输出的一个字节。

3. 轮函数 F

轮函数 F 是 DES 算法的核心部分。将经过 IP 置换后的数据分成 32 比特的左右两部分,记为 L_0 和 R_0,将其经过 16 轮迭代,迭代采用 Feistel 结构,在每轮迭代时,右边的部分要依次经过选择扩展运算 E、密钥加运算、选择压缩运算 S 和置换 P,这些变换合称为轮函数 F,如图 3-6 所示。

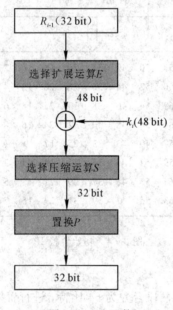

图 3-6　F 函数

选择扩展运算(也称为 E 盒)的目的是将输入的右边 32 比特扩展成为 48 比特,其变换表由图 3-7 给出。

32	1	2	3	4	5
4	5	6	7	8	9
8	9	10	11	12	13
12	13	14	15	16	17
16	17	18	19	20	21
20	21	22	23	24	25
24	25	26	27	28	29
28	29	30	31	32	1

图 3-7　选择扩展运算 E

E 盒输出的 48 比特与 48 比特的轮密钥按位模 2 加,然后经过选择压缩运算(也称为 S 盒),得到 32 比特的输出。S 盒(见表 3-1)是 DES 算法中唯一的非线性部分,它是一个查表运算。其中共有 8 张非线性的代替表，每张表的输入为 6 比特，输出为 4 比特。在查表之前，将输入的 48 比特分为 8 组，每组 6 比特，分别进入 8 个 S 盒进行运算。

表 3-1　DES 中的 8 个 S 盒

S盒	行	列															
		0	1	2	3	4	5	6	7	8	9	10	11	12	13	14	15
S_1	0	14	4	13	1	2	15	11	8	3	10	6	12	5	9	0	7
	1	0	15	7	4	14	2	13	1	10	6	12	11	9	5	3	8
	2	4	1	14	8	13	6	2	11	15	12	9	7	3	10	5	0
	3	15	12	8	2	4	9	1	7	5	11	3	14	10	0	6	13
S_2	0	15	1	8	14	6	11	3	4	9	7	2	13	12	0	5	10
	1	3	13	4	7	15	2	8	14	12	0	1	10	6	9	11	5
	2	0	14	7	11	10	4	13	1	5	8	12	6	9	3	2	15
	3	13	8	10	1	3	15	4	2	11	6	7	12	0	5	14	9
S_3	0	10	0	9	14	6	3	15	5	1	13	12	7	11	4	2	8
	1	13	7	0	9	3	4	6	10	2	8	5	14	12	11	15	1
	2	13	6	4	9	8	15	3	0	11	1	2	12	5	10	14	7
	3	1	10	13	0	6	9	8	7	4	15	14	3	11	5	2	12
S_4	0	7	13	14	3	0	6	9	10	1	2	8	5	11	12	4	15
	1	13	8	11	5	6	15	0	3	4	7	2	12	1	10	14	9
	2	10	6	9	0	12	11	7	13	15	1	3	14	5	2	8	4
	3	3	15	0	6	10	1	13	8	9	4	5	11	12	7	2	14
S_5	0	2	12	4	1	7	10	11	6	8	5	3	15	13	0	14	9
	1	14	11	2	12	4	7	13	1	5	0	15	10	3	9	8	6
	2	4	2	1	11	10	13	7	8	15	9	12	5	6	3	0	14
	3	11	8	12	7	1	14	2	13	6	15	0	9	10	4	5	3
S_6	0	12	1	10	15	9	2	6	8	0	13	3	4	14	7	5	11
	1	10	15	4	2	7	12	9	5	6	1	13	14	0	11	3	8
	2	9	14	15	5	2	8	12	3	7	0	4	10	1	13	11	6
	3	4	3	2	12	9	5	15	10	11	14	1	7	6	0	8	13
S_7	0	4	11	2	14	15	0	8	13	3	12	9	7	5	10	6	1
	1	13	0	11	7	4	9	1	10	14	3	5	12	2	15	8	6
	2	1	4	11	13	12	3	7	14	10	15	6	8	0	5	9	2
	3	6	11	13	8	1	4	10	7	9	5	0	15	14	2	3	12
S_8	0	13	2	8	4	6	15	11	1	10	9	3	14	5	0	12	7
	1	1	15	13	8	10	3	7	4	12	5	6	11	0	14	9	2
	2	7	11	4	1	9	12	14	2	0	6	10	13	15	3	5	8
	3	2	1	14	7	4	10	8	13	15	12	9	0	3	5	6	11

运算规则为：假设输入的 6 比特为 $b_1b_2b_3b_4b_5b_6$，则 b_1b_6 构成一个两位的二进制数，用于指示表中的行，中间四个比特 $b_2b_3b_4b_5$ 构成的二进制数用于指示列，位于选中的行和列上的数作为这张代替表的输出。例如：对于 S_1，设输入为 010001，则应选第 1(01) 行、第 8(1000) 列上的数，是 10，因此输出为 1010。

置换 P 是一个 32 比特的换位运算，对 $S_1 \sim S_8$ 输出的 32 比特数据进行换位，如图 3-8所示。

16	7	20	21
29	12	28	17
1	15	23	26
5	18	31	10
2	8	24	14
32	27	3	9
19	13	30	6
22	11	4	25

图 3-8　置换 P

4. 密钥扩展算法

64 比特初始密钥经过置换选择 PC-1、循环移位运算、置换选择 PC-2，产生 16 轮迭代所用的子密钥 k_i，如图 3-9 所示。初始密钥的第 8、16、24、32、40、48、56、64 位是奇偶校验位，其余 56 位为有效位，置换选择 PC-1（见图 3-10）的目的是从 64 位中选出 56 位有效位，PC-1 输出的 56 比特被分为两组，每组 28 比特，分别进入寄存器 C 和寄存器 D 中，并进行循环左移（即 LS 变换），左移的位数由表 3-2 给出。每次移位后，将寄存器 C 和寄存器 D 中的原存数送给置换选择 PC-2，（见图 3-11），PC-2 将寄存器 C 中第 9、18、22、25 位和寄存器 D 中第 7、9、15、26 位删去，将其余数字置换位置，输出 48 比特，作为轮密钥。

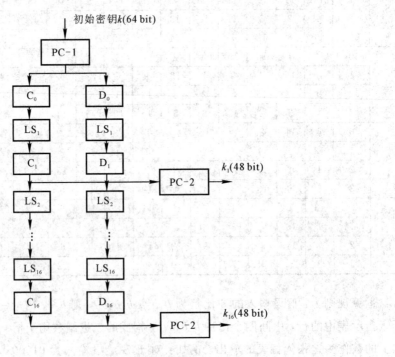

图 3-9　密钥扩展算法

$$
\begin{array}{ccccccc}
57 & 49 & 41 & 33 & 25 & 17 & 9 \\
1 & 58 & 50 & 42 & 34 & 26 & 18 \\
10 & 2 & 59 & 51 & 43 & 35 & 27 \\
19 & 11 & 3 & 60 & 52 & 44 & 36 \\
63 & 55 & 47 & 39 & 31 & 23 & 15 \\
7 & 62 & 54 & 46 & 38 & 30 & 22 \\
14 & 6 & 61 & 53 & 45 & 37 & 29 \\
21 & 13 & 5 & 28 & 20 & 12 & 4 \\
\end{array}
$$

图 3 - 10 置换选择 PC - 1

表 3 - 2 移位次数表

子密钥序号	1	2	3	4	5	6	7	8	9	10	11	12	13	14	15	16
循环左移位数	1	1	2	2	2	2	2	2	1	2	2	2	2	2	2	1

$$
\begin{array}{cccccccc}
14 & 17 & 11 & 24 & 1 & 5 & 3 & 28 \\
15 & 6 & 21 & 10 & 23 & 19 & 12 & 4 \\
26 & 8 & 16 & 7 & 27 & 20 & 13 & 2 \\
41 & 52 & 31 & 37 & 47 & 55 & 30 & 40 \\
51 & 45 & 33 & 48 & 44 & 49 & 39 & 56 \\
34 & 53 & 46 & 42 & 50 & 36 & 29 & 32 \\
\end{array}
$$

图 3 - 11 置换选择 PC - 2

综上所述，我们可以用如下数学语言描述 DES 算法的加解密过程：

令 m 和 c 分别表示 64 比特明文和 64 比特密文，IP 表示初始置换，k_i 表示第 i 次迭代所用的子密钥，L_i、R_i 分别表示第 i 次迭代时左边和右边的 32 比特，f 表示每次迭代时对右边所作的变换，$\oplus$ 表示逐位模 2 加。

加密过程为

$$L_0 R_0 \leftarrow \mathrm{IP}(m)$$

$$L_i \leftarrow R_{i-1} \qquad\qquad i=1,\cdots,16 \qquad\qquad (1)$$

$$R_i \leftarrow L_{i-1} \oplus f(R_{i-1}, k_i) \qquad i=1,\cdots,16 \qquad\qquad (2)$$

$$c \leftarrow \mathrm{IP}^{-1}(R_{16} L_{16})$$

这里式（1）和式（2）要经过 16 次迭代，它们构成 DES 的一轮变换，记作 T_i。

DES 的加密过程是可逆的，解密过程与加密过程类似，只是密钥的使用顺序相反，由 k_{16} 至 k_1 依次使用。

解密过程为

$$R_{16}L_{16} \leftarrow \text{IP}(m)$$

$$R_{i-1} \leftarrow L_i \qquad\qquad i=16, \cdots, 1$$

$$L_{i-1} \leftarrow R_i \oplus F(L_{i-1}, k_i) \qquad i=16, \cdots, 1$$

$$c \leftarrow \text{IP}^{-1}(R_0 L_0)$$

利用复合运算，也可将加密过程写为

$$c = E(m) = \text{IP}^{-1} \circ T_{16} \circ T_{15} \circ \cdots \circ T_1 \circ \text{IP}(m)$$

解密过程为

$$m = D(c) = \text{IP}^{-1} \circ T_1 \circ T_2 \circ \cdots \circ T_{16} \circ \text{IP}(c)$$

3.2.3 DES 的安全性

DES 的出现对于密码学的发展具有非常重大的意义，它是第一个将算法细节完全公开的密码体制，算法的安全性完全依赖于密钥，满足密码设计的 Kerckhoffs 准则。

从 DES 的诞生之日起，人们对其安全性就有激烈的争论。DES 作为一个标准被提出时，曾出现过许多的批评，有人怀疑 NSA 在 S 盒里隐藏了陷门（Trapdoors），他们可以轻易地解密一切消息，同时还虚假地宣称 DES 是"安全"的。当然，不能否认这种事情的可能性，然而到目前为止，并没有任何证据能证实 DES 里的确存在陷门。人们对 DES 进行了大量的研究，考察了 DES 算法的特点和存在的问题。下面是一些主要结论。

1. 互补性

DES 算法具有下述性质。对明文 m 逐位取补，记为 $\bar{m}$，密钥 k 逐位取补，记为 $\bar{k}$，且

$$c = E_k(m)$$

则有

$$\bar{c} = E_{\bar{k}}(\bar{m})$$

其中，$\bar{c}$ 是 c 的逐位取补。这种特性被称为算法上的互补性，是由算法中的两次异或运算的配置所决定的。两次异或运算一次在 S 盒之前，一次在 P 盒置换之后。若对 DES 输入的明文和密钥同时取补，则选择扩展运算 E 的输出和子密钥产生器的输出也都取补，因而经异或运算后的输出和明文及密钥未取补时的输出一样，这使到达 S 盒的输入数据未变，其输出自然也不会变，但经第二个异或运算时，由于左边的数据已取补，因而输出也就取补了。

互补性会使 DES 在选择明文攻击下所需的工作量减半。给定明文 m，密文 $c_1 = E_k(m)$，易得出 $c_2 = \bar{c}_1 = E_{\bar{k}}(\bar{m})$。若要在明文空间中搜索 m，以验证 $E_k(m) \overset{?}{=} c_1$ 或 c_2，则一次运算包括了采用明文 m 和 $\bar{m}$ 两种情况。

2. 弱密钥和半弱密钥

许多密码算法都存在一些不"好"的密钥，比如，在乘法密码中，若加密密钥 a 与模数 m 不互素，则不能构造一张完整的代替表，此时将 a 作为密钥是不合适的。在 DES 中，情况要复杂得多。DES 的加密过程需要用到由 64 比特初始密钥产生的 16 个子密钥。如果给定初始密钥 k，经子密钥产生器产生的各个子密钥都相同，即有

$$k_1 = k_2 = \cdots = k_{16}$$

则称给定的初始密钥 k 为弱密钥(Weak Key)。若 k 为弱密钥,则对任意的 64 比特信息 m,有

$$E_k(E_k(m))=m$$
$$D_k(D_k(m))=m$$

即以 k 对 m 加密两次或解密两次相当于恒等映射,结果仍为 m。这意味着加密运算和解密运算没有区别。

弱密钥的构造由密钥扩展算法中寄存器 C 和寄存器 D 中的存数在循环移位下出现的重复图样决定。若寄存器 C 和寄存器 D 中的存数为全 0 或全 1,则无论左移多少位,都保持不变,因而相应的 16 个子密钥都相同。可能产生弱密钥的寄存器 C 和寄存器 D 的存数有四种组合,用十六进制表示为

$$(0,0) \quad \leftrightarrow \quad 00 \quad 00 \quad 00 \quad 00 \quad 00 \quad 00 \quad 00$$
$$(0,15) \quad \leftrightarrow \quad 00 \quad 00 \quad 00 \quad 0F \quad FF \quad FF \quad FF$$
$$(15,0) \quad \leftrightarrow \quad FF \quad FF \quad FF \quad F0 \quad 00 \quad 00 \quad 00$$
$$(15,15) \quad \leftrightarrow \quad FF \quad FF \quad FF \quad FF \quad FF \quad FF \quad FF$$

相应地,初始密钥 k 用十六进制表示为

$$(0,0) \quad \leftrightarrow \quad 01 \quad 01 \quad 01 \quad 01 \quad 01 \quad 01 \quad 01 \quad 01$$
$$(0,15) \quad \leftrightarrow \quad 1F \quad 1F \quad 1F \quad 1F \quad 0E \quad 0E \quad 0E \quad 0E$$
$$(15,0) \quad \leftrightarrow \quad E0 \quad E0 \quad E0 \quad E0 \quad 1F \quad 1F \quad 1F \quad 1F$$
$$(15,15) \quad \leftrightarrow \quad FE \quad FE \quad FE \quad FE \quad FE \quad FE \quad FE \quad FE$$

若给定初始密钥 k,产生的 16 个子密钥只有两种,且每种都出现 8 次,则称 k 为半弱密钥(Semi-weak Key)。半弱密钥的特点是成对出现的,且具有下述性质:若 k_1 和 k_2 为一对半弱密钥,m 为明文组,则有

$$E_{k_2}(E_{k_1}(m))=E_{k_1}(E_{k_2}(m))=m$$

此时称 k_1 和 k_2 是互为对合的。若寄存器 C 和寄存器 D 中的存数是长为 2 的重复数字,即 $(0101\cdots\cdots01)$ 和 $(1010\cdots\cdots10)$,则对于偶次循环移位,这种数字是不会变化的,对于奇数次循环移位,$(0101\cdots\cdots01)$ 和 $(1010\cdots\cdots10)$ 二者互相转化。$(00\cdots\cdots0)$ 和 $(11\cdots\cdots1)$ 显然也具有上述性质。若寄存器 C 和寄存器 D 的初值选自这四种图样,所产生的子密钥就会只有两种,而且每种都出现 8 次。对于寄存器 C 和寄存器 D 来说,四种图样可能的组合有 $4\times4=16$ 种,其中有 4 个为弱密钥,其余 12 个为半弱密钥,组成 6 对,如表 3-3 所示。

表 3-3 半 弱 密 钥 表

寄存器 C、D 存数编号	初始密钥(十六进制表示)							
(10, 10)	01	FE	01	FE	01	FE	01	FE
(5, 5)	FE	01	FE	01	FE	01	FE	01
(10, 5)	1F	E0	1F	E0	0E	F1	0E	F1
(5, 10)	E0	1F	E0	1F	F1	0E	F1	0E
(10, 0)	01	E0	01	E0	01	F1	01	F1
(5, 0)	E0	01	E0	01	F1	01	F1	01

(互逆对)

续表

寄存器 C、D 存数编号	初始密钥（十六进制表示）
(10, 15) (5, 15)	1F FE 1F FE 0E FE 0E FE FE 1F FE 1F FE 0E FE 0E }互逆对
(0, 10) (0, 5)	01 1F 01 1F 01 0E 01 0E 1F 01 1F 01 0E 01 0E 01 }互逆对
(15, 10) (15, 5)	E0 FE E0 FE F1 FE F1 FE FE E0 FE E0 FE F1 FE F1 }互逆对

此外，还有四分之一弱密钥等。

在 DES 的 2^{56} 个密钥中，弱密钥所占的比例是非常小的，而且极易避开，因此，弱密钥的存在对 DES 的安全性威胁不大。

3. 密钥搜索机

对 DES 的安全性批评意见中，较为一致的也是最为中肯的看法是 DES 的密钥太短。IBM 最初的 Lucifer 方案密钥长度为 128 比特，向 NBS 提交的建议方案采用 112 比特密钥，但 NSA 公布的 DES 标准采用 64 比特密钥，后来又减小到 56 比特。有人认为 NSA 故意限制 DES 的密钥长度。事实上，64 比特密钥中包含的 8 比特奇偶校验位似乎没有任何用处。DES 的密钥量为

$$2^{56} = 7.2 \times 10^{16} = 72\ 057\ 594\ 037\ 927\ 936 \approx 10^{17}$$

若要对 DES 进行密钥搜索破译，分析者在得到一组明文-密文对的条件下，对明文用所有可能的密钥加密，如果加密结果与已知的明文-密文对中的密文相符，就可以确定所用的密钥了。密钥搜索所需的时间取决于密钥空间的大小和执行一次加密所用的时间。

RSA 数据安全公司曾举办了一次破解密钥的比赛，叫作"DES Challenge"，要求在给定密文和部分明文的情况下找到 DES 的密钥，获胜者将得到 10 000 美元奖金。该竞赛于 1997 年 1 月 29 日发布，参加者 Rocke Verser 编写了一个穷举搜索密钥的程序并在网上发布，最终有 7 万个系统参与计算。该项目从 1997 年 2 月 18 日开始，96 天后找到了正确的密钥，这时大约已搜索了密钥空间的 1/4。这个比赛显示了分布式个人计算机在密码分析时的威力。1998 年 5 月，美国电子前哨基金会（Electronic Frontier Foundation，EFF）宣布，他们以一台价值 25 万美元的计算机改装成的专用解密机，用了 56 小时破译了采用 56 比特密钥的 DES，赢得了"DES Challenge Ⅱ-2"的胜利。这台机器被称为"DES 破译者"。1999 年 1 月，"DES 破译者"在分布式网络的协同工作下，在 22 小时 15 分钟里找到了 DES 密钥，获得了 RSA 实验室"DES Challenge Ⅲ"的胜利。近些年，随着计算能力的显著提高，尤其是云计算和超级计算等领域的发展，用穷举分析的方法破解 DES 的密钥所付出的时间成本和经济成本大大降低了。

4. 差分分析和线性分析

DES 在全世界范围内使用了 20 多年，也经历了 20 多年的分析和攻击，除穷举密钥攻击外，人们也试图找到密码分析方法，但提出的大部分算法破译难度都停留在 2^{55} 数量级上，直到 1991 年 Biham 和 Shamir 公开发表了差分分析法，才使分组密码的分析工作向前

推进了一大步。差分分析法是已经公开的第一种可以以少于 2^{55} 的复杂性对 DES 进行破译的方法，目前它也是攻击迭代密码体制的常用方法。

差分分析是一种选择明文攻击方法，与一般统计分析法的不同之处在于，它不是直接分析密文或密钥与明文的统计相关性，而是分析一对给定明文的异或（称为差分）与对应密文对的异或之间的统计相关性。差分分析的基本思想是在要攻击的迭代密码系统中找出某些高概率的明文差分-密文差分对来推算密钥。利用此法攻击 DES，需要用 2^{47} 个选择明文和 2^{47} 次加密运算，比穷举搜索的工作量大大减小了。然而找到 2^{47} 个选择明文的要求使这种攻击只有理论上的意义。

除了差分分析外，还有一种有效的攻击法，即线性分析法，这是 Matsui 在 1993 年提出的，其基本思想是以最佳的线性函数逼近 DES 的非线性变换 S 盒。这是一种已知明文攻击方法，可以在有 2^{43} 个已知明文的情况下破译 DES。经过多年的发展和完善，抵抗线性密码分析和差分密码分析已经成为了现代分组密码设计时必须考虑的重要准则。

3.3　高级加密标准(AES)

3.3.1　AES 背景及算法概述

1997 年，美国国家标准与技术研究院（NIST）发起了征集高级加密标准（AES）的活动，目的是确定一个美国政府 21 世纪应用的数据加密标准，以替代原有的加密标准 DES。对 AES 的基本要求是比三重 DES 快而且至少与三重 DES 一样安全，数据分组长度为 128 比特，密钥长度为 128 比特、192 比特和 256 比特。

1998 年，NIST 宣布接受 15 个候选算法并提请全世界的密码研究界协助分析这些候选算法，经考察，选定 MARS、RC6、Rijndael、Serpent、和 Twofish 五个算法参加决赛。NIST 对 AES 评估的主要准则是安全性、效率和算法的实现特性，其中安全性是第一位的，候选算法应当抵抗已知的密码分析方法，如针对 DES 的差分分析、线性分析、相关攻击等。在满足安全性的前提下，效率是最重要的评估因素，包括算法在不同平台上的计算速度和对内存空间的需求等。算法的实现特性包括灵活性等，如在不同类型的环境中能够安全和有效地运行，可以作为序列密码、Hash 算法实现等。此外，算法必须能够用软件和硬件两种方法实现。在决赛中，Rijndael 从五个算法中脱颖而出，最终被选为新的加密标准。

Rijndael 由比利时的 Joan Daemen 和 Vincent Rijmen 设计，算法的原型是 Square 算法。Rijndael 的设计策略是宽轨迹策略（Wide Trail Strategy），这是一种针对差分分析和线性分析提出的密码设计思想，它的优点是在给出了算法的最佳差分特征概率与最佳线性逼近偏差的界之后，可以很容易估计出算法抵抗差分密码分析和线性密码分析的能力。

Rijndael 的主要特征如下：

(1) Rijndael 是迭代型分组密码，数据分组长度和密钥长度都可变，并可独立地指定为 128 比特、192 比特或 256 比特。随着分组长度不同，迭代轮数也不同，如果用 N_b 和 N_k 分别表示明文中包含的 32 比特字的数目以及密钥中包含的 32 比特字的数目，N_r 表示轮数，则它们之间的关系为

$$N_r = \max\{N_b, N_k\} + 6$$

本节只介绍分组长度和密钥长度均为 128 比特的 10 轮 AES 算法，即标准的 AES 算法。其他分组长度和密钥长度的 AES 算法只是迭代轮数和密钥扩展算法不同，具体细节可参考文献[1, 2]。

（2）Rijndael 中的所有运算都是针对字节的，因此可将数据分组表示成以字节为单位的数组。

（3）与 DES 不同，Rijndael 没有采用 Feistel 结构，而是采用 SPN 结构，这是一种针对差分分析和线性分析的设计方法。

3.3.2　AES 算法细节

AES 的密码变换都是面向字节的运算，首先将输入的明文分组划分为 16 个字节，并且把字节数据块按 $a_{00}a_{10}a_{20}a_{30}a_{01}a_{11}a_{21}a_{31}a_{02}a_{12}a_{22}a_{32}a_{03}a_{13}a_{23}a_{33}$ 顺序映射为状态字节矩阵，在加密操作结束时，密文按照相同的顺序从状态中抽取，映射的状态矩阵为

$$\begin{bmatrix} a_{00} & a_{01} & a_{02} & a_{03} \\ a_{10} & a_{11} & a_{12} & a_{13} \\ a_{20} & a_{21} & a_{22} & a_{23} \\ a_{30} & a_{31} & a_{32} & a_{33} \end{bmatrix}$$

AES 密码的加密流程如下：

（1）由密钥扩展算法将 128 比特的种子密钥扩展为 11 个 128 比特的轮密钥 $K_0, K_1, \cdots, K_{10}$，每一个轮密钥同样被表示成与明文状态矩阵大小相同的矩阵；

（2）密钥白化：将明文状态矩阵与第一个轮密钥 K_0 进行异或加运算；

（3）执行 9 轮完全相同的轮变换；

（4）执行最后一轮轮变换，省去列混合运算；

（5）将步骤（4）中的输出结果按照顺序抽取出来形成密文。

AES 密码的轮变换分为四步：字节代替、行移位、列混合和轮密钥加，这些运算是实现混乱和扩散的关键。

（1）字节代替（SubBytes）。

这是算法中唯一的非线性运算，它是可逆的，且由两个变换构成。首先把字节的值在 $\mathrm{GF}(2^8)$ 中取乘法逆，此时 $\mathrm{GF}(2^8)$ 的生成多项式是 $m(x) = x^8 + x^4 + x^3 + x + 1$，0 映射到其自身；然后将得到的字节值经过如下定义的一个仿射变换：

$$\begin{bmatrix} y_0 \\ y_1 \\ y_2 \\ y_3 \\ y_4 \\ y_5 \\ y_6 \\ y_7 \end{bmatrix} = \begin{bmatrix} 1 & 0 & 0 & 0 & 1 & 1 & 1 & 1 \\ 1 & 1 & 0 & 0 & 0 & 1 & 1 & 1 \\ 1 & 1 & 1 & 0 & 0 & 0 & 1 & 1 \\ 1 & 1 & 1 & 1 & 0 & 0 & 0 & 1 \\ 1 & 1 & 1 & 1 & 1 & 0 & 0 & 0 \\ 0 & 1 & 1 & 1 & 1 & 1 & 0 & 0 \\ 0 & 0 & 1 & 1 & 1 & 1 & 1 & 0 \\ 0 & 0 & 0 & 1 & 1 & 1 & 1 & 1 \end{bmatrix} \begin{bmatrix} x_0 \\ x_1 \\ x_2 \\ x_3 \\ x_4 \\ x_5 \\ x_6 \\ x_8 \end{bmatrix} + \begin{bmatrix} 1 \\ 1 \\ 0 \\ 0 \\ 0 \\ 1 \\ 1 \\ 0 \end{bmatrix}$$

字节代替又称为 S 盒变换，实际加密过程通常是通过查表运算获取字节代替的运算结果，如表 3－4 所示。

表 3－4　AES 加密算法的 S 盒变换

	0	1	2	3	4	5	6	7	8	9	a	b	c	d	e	f
0	63	7c	77	7b	f2	6b	6f	c5	30	01	67	2b	fe	d7	ab	76
1	ca	82	c9	7d	fa	59	47	f0	ad	d4	a2	af	9c	a4	72	c0
2	b7	fd	93	26	36	3f	f7	cc	34	a5	e5	f1	71	d8	31	15
3	04	c7	23	c3	18	96	05	9a	07	12	80	e2	eb	27	b2	75
4	09	83	2c	1a	1b	6e	5a	a0	52	3b	d6	b3	29	e3	2f	84
5	53	d1	00	ed	20	fc	61	5b	6a	cd	be	39	4a	4c	58	cf
6	d0	ef	aa	fb	43	4d	85	45	f9	02	7f	50	3c	9f	a8
7	51	a3	40	8f	92	9d	38	f5	bc	b6	da	21	10	ff	f3	d2
8	cd	0c	13	ec	5f	97	44	17	c4	e7	7e	3d	64	5d	19	73
9	60	81	4f	dc	22	2a	90	88	46	ee	b8	14	de	5e	0b	db
a	e0	32	3a	0a	49	06	24	5c	c2	d3	ac	62	91	95	e4	79
b	e7	c8	37	6d	8d	d5	4e	a9	6c	56	f4	ea	65	7a	ae	08
c	ba	78	25	2e	1c	a6	b4	c6	e8	dd	74	1f	4b	bd	8b	8a
d	70	3e	b5	66	48	03	f6	0e	61	35	57	b9	86	c1	1d	9e
e	e1	f8	98	11	69	d9	8e	94	9b	1e	87	e9	ce	55	28	df
f	8c	a1	89	0d	bf	e6	42	68	41	99	2d	0f	b0	54	bb	16

字节代替的逆运算是先经过仿射变换的逆作用之后，再在 $GF(2^8)$ 中取模 $m(x)$ 的乘法逆元即可。

（2）行移位(ShiftRow)。

状态行移位不同的位移量，第 0 行不移动，第 1 行循环左移 1 个字节，第 2 行循环左移 2 个字节，第 3 行循环左移 3 个字节，即

$$\begin{bmatrix} a_{00} & a_{01} & a_{02} & a_{03} \\ a_{10} & a_{11} & a_{12} & a_{13} \\ a_{20} & a_{21} & a_{22} & a_{23} \\ a_{30} & a_{31} & a_{32} & a_{33} \end{bmatrix} \rightarrow \begin{bmatrix} a_{00} & a_{01} & a_{02} & a_{03} \\ a_{11} & a_{12} & a_{13} & a_{10} \\ a_{22} & a_{23} & a_{20} & a_{21} \\ a_{33} & a_{30} & a_{31} & a_{32} \end{bmatrix}$$

行移位的逆变换为每一行循环向右移 0、1、2、3 个字节。

（3）列混合(MixColumn)。

将状态的每一列视为 $GF(2^8)$ 上的一个次数不超过 3 的多项式，比如，第 1 列对应的多项式为 $a_{30}x^3 + a_{20}x^2 + a_{10}x + a_{00}$，将它与一个固定的多项式 $c(x)$ 模 $M(x) = x^4 + 1$ 乘，其中

$$c(x) = "03"x^3 + "01"x^2 + "01"x + "02"$$

用辗转相除法容易验证 $(c(x), M(x)) = 1$，这是为了保证列混合运算的可逆性。注意到固定多项式的系数非常具有特色，它们使得多项式的乘法变得非常简单。事实上，通过简单的计算，可以将上述列混合运算表示为如下的矩阵形式，由此可知列混合运算也是一个线性变换。

$$\begin{bmatrix} a_{00} & a_{01} & a_{02} & a_{03} \\ a_{10} & a_{11} & a_{12} & a_{13} \\ a_{20} & a_{21} & a_{22} & a_{23} \\ a_{30} & a_{31} & a_{32} & a_{33} \end{bmatrix} \rightarrow \begin{bmatrix} b_{00} & b_{01} & b_{02} & b_{03} \\ b_{10} & b_{11} & b_{12} & b_{13} \\ b_{20} & b_{21} & b_{22} & b_{23} \\ b_{30} & b_{31} & b_{32} & b_{33} \end{bmatrix}$$

$$\begin{bmatrix} b_{0j} \\ b_{1j} \\ b_{2j} \\ b_{3j} \end{bmatrix} = \begin{bmatrix} 02 & 03 & 01 & 01 \\ 01 & 02 & 03 & 01 \\ 01 & 01 & 02 & 03 \\ 03 & 01 & 01 & 02 \end{bmatrix} \begin{bmatrix} a_{0j} \\ a_{1j} \\ a_{2j} \\ a_{3j} \end{bmatrix}$$

$b_j, a_j \in \mathrm{GF}(2^8)$，$j = 0, 1, 2, 3$。

注意到上述矩阵中的元素只有"01""02""03"三种情况，这使得 $\mathrm{GF}(2^8)$ 中多项式的乘法非常简单，$\mathrm{GF}(2^8)$ 的生成多项式为 $m(x) = x^8 + x^4 + x^3 + x + 1$。事实上，设某一个字节对应的多项式的系数为 $(b_7 b_6 b_5 b_4 b_3 b_2 b_1 b_0)$，则

$$(b_7 b_6 b_5 b_4 b_3 b_2 b_1 b_0) \times \text{"01"} = (b_7 b_6 b_5 b_4 b_3 b_2 b_1 b_0)$$

$$(b_7 b_6 b_5 b_4 b_3 b_2 b_1 b_0) \times \text{"02"} = (b_6 b_5 b_4 b_3 b_2 b_1 b_0 0) + (000 b_7 b_7 0 b_7 b_7)$$

$$(b_7 b_6 b_5 b_4 b_3 b_2 b_1 b_0) \times \text{"03"} = (b_7 b_6 b_5 b_4 b_3 b_2 b_1 b_0) \times \text{"01"} + (b_7 b_6 b_5 b_4 b_3 b_2 b_1 b_0) \times \text{"02"}$$

列混合的逆变换是类似的，即每列都用一个特定的多项式 $d(x)$ 相乘，$d(x)$ 满足

$$c(x) \otimes d(x) = \text{"01"}$$

由此可得

$$d(x) = \text{"0B"} x^3 + \text{"0D"} x^2 + \text{"09"} x + 0E$$

同样，这等价于左乘一个矩阵，即列混合变换中矩阵的逆。该矩阵也是一个字节循环矩阵。

$$\begin{bmatrix} b_{0j} \\ b_{1j} \\ b_{2j} \\ b_{3j} \end{bmatrix} = \begin{bmatrix} 0E & 0B & 0D & 09 \\ 09 & 0E & 0B & 0D \\ 0D & 09 & 0E & 0B \\ 0B & 0D & 09 & 0E \end{bmatrix} \begin{bmatrix} a_{0j} \\ a_{1j} \\ a_{2j} \\ a_{3j} \end{bmatrix}$$

（4）轮密钥加（AddRoundKey）。

将轮密钥与各个状态按位模 2 加即可。其逆运算与正向的轮密钥加运算完全一致，这时异或的逆运算是其本身。

由于 AES 算法是 SPN 结构的分组密码，所以它的解密算法是加密算法的逆运算，这时子密钥的使用顺序是 $K_{10}, \cdots, K_0$，解密流程的每一步都是加密流程相应步骤的逆运算。

在 AES 中，种子密钥长度为 128 比特时，$N_k = 4$，即有 4 个 32 比特的密钥字，相应的种子密钥长度为 192 比特和 256 比特，分别对应 $N_k = 6$ 和 $N_k = 8$。$N_k \leqslant 6$ 和 $N_k > 6$ 时的密钥扩展算法是不同的，即对于 256 比特的密钥，其扩展算法与 128 比特和 192 比特有所区别，但差别不大。这里给出 $N_k \leqslant 6$ 时的算法，采用 C 语言代码表述为

For i＝0 to3

    $W(i)=(K(4i)，K(4i+1)，K(4i+2)，K(4i+3))$

For i＝N_k to $N_b(N_r+1)$

    $Temp=W(i-1)$

    If i mod $N_k=0$

        $Temp=SubByte(RotByte(Temp))\oplus RC(i/N_k)$

    $W(i)=W(i-N_k)\oplus Temp$

这里 SubByte 返回 4 字节字的一个函数，返回的 4 字节字中的每个字节是 S 盒作用到输入字中相应位置处的字节而得到的结果。函数 RotByte 是循环左移一个字节。$RC(i/N_k)$是轮常数，与 N_k 无关，定义为

$$RC(j)=(R(j)，``00"，``00"，``00")$$

$R(j)$是 $GF(2^8)$中的元素，定义为

$$R(1)=1，R(j)=x \cdot R(j-1)$$

3.3.3　AES 性能分析

1. AES 与 DES 的比较

作为旧的加密标准，DES 曾经在密码界活跃了二十多年，自 1976 年开始，DES 一直占有举足轻重的地位，对分组密码的设计起了很大作用。AES 虽然与 DES 的结构不同，但在设计上它们有许多相似之处。

(1) 两者的轮函数都由非线性层、线性混合层、轮密钥加层 3 层构成，只是顺序不同。

(2) AES 中的非线性运算是 SubBytes，对应于 DES 中的非线性运算 S 盒。

(3) 行移位运算保证了每一行的字节不仅仅影响其他行相对应的字节，而且影响其他行所有的字节，这与 DES 中的 P 置换相似。

(4) AES 中，列混合运算的目的是让不同的字节相互影响，这相当于 DES 中 F 函数的输出与左边一半数据相加。

(5) AES 中的轮密钥加对应于 DES 中 S 盒之前的子密钥加。

除此之外，这两种算法还存在许多不同点，主要有：

(1) AES 的密钥长度可变(原始 Rijndael 算法的分组长度也是可变的)，而 DES 的分组长度和密钥长度固定为 64 比特。

(2) DES 的设计是基于 Feistel 结构，而 AES 采用宽轨迹策略的 SPN 结构。

(3) DES 是面向比特的运算，AES 是面向字节的运算。

(4) AES 的加密和解密运算不一致，因而加密器不能同时用作解密器，DES 则无此限制。

2. AES 的安全性

(1) 弱密钥。AES 在设计上不是对称的，其加密和解密过程不一致，这虽然在实现上带来了一定的困难，但却提高了安全性，事实上，这一点避免了弱密钥和半弱密钥的存在。

(2) 差分分析和线性分析。这两种密码分析方法都是针对 DES 的，并得到了成功的运用。对于 AES，文献[9]中给出了差分传播特性和相关性，并分析了其抵抗差分分析和线

性分析的能力。由于在设计时主要考虑了这两种攻击方法，因此 AES 具有较好的性质，事实上，其 S 盒可以达到抵抗差分分析的理想状态，差分分布是均匀的，并且对于线性分析也是免疫的。

（3）Square 攻击。Square 攻击是针对 Square 密码的一种专用攻击方法，它利用了面向字节的结构，因而也可用来攻击 AES。文献[10]改进了设计者对 6 轮 AES 的 Square 攻击，给出了对 7 轮 128 比特密钥的 AES 的积分攻击（积分攻击是 Square 攻击的扩展），但对于 8 轮或更多轮，此种攻击无效。

（4）Biclique 攻击。Biclique 攻击是一种中间相遇攻击，但它结合了完全二分图的技术使得攻击复杂度相对较低。基于这种技术，AES 首次从理论上被攻破，攻击复杂度仅低于穷举攻击，因此对于 AES 的实际安全性挑战不大[3]。

3. 实现

AES 密码结构简单，没有复杂的运算，在通用处理器上用软件实现非常快。对于硬件，该密码适合在多种处理器和专用硬件上有效地实现。由于运算是针对字节的，因而可以在 8 位处理器上通过编程来实现各个环节。对于 SubBytes，需要建立一个 256 字节的表，该运算即为查表运算。ShiftRow 是简单的移位运算。MixColumn 是 $GF(2^8)$ 中的矩阵乘法，而乘法运算可以转化为移位和加法的合成。密钥扩展可以在一个循环缓存器中实现，在轮之间更新轮密钥，密钥更新过程中的所有运算可以以字节为单位有效地进行实现。用 32 位处理器实现时，变换的不同步骤可以组合成单个集合的查表，从而使速度更快。

AES 密码适合用专用芯片实现。对硬件实现的需求很可能局限于以下两种特殊情形：

（1）速度相当高且没有芯片规模限制。

（2）提高加密执行速度的智能卡上的微型协处理器。

由于 Rijndael 的加密和解密运算不一致，因此，实现加密的硬件不能自动支持解密运算，而只能为解密提供部分帮助。

综上所述，Rijndael 密码之所以被选为新的加密标准，是因为它具有以下几个优点：

（1）安全性，这不仅体现在密钥长度远远大于 DES，而且其在设计的过程中充分考虑了现有的密码分析方法，避免了可能存在的弱点。

（2）简单的设计思想和复杂的数学公式并存，这在满足安全性要求的同时，提供了使用上的有效性，它是一种用软件和硬件都很容易实现的算法。

（3）灵活性，这主要体现在数据分组长度和密钥长度均可独立地变化，以及轮数也可随着应用环境不同而改变，能够提供不同的安全强度。

3.4　商用分组密码标准 SM4

SM4 密码是我国第一个商用分组密码标准，于 2006 年 2 月公布，是中国无线局域网安全标准推荐使用的分组密码算法。随着我国密码算法标准化工作的开展，SM4 于 2012 年 3 月被列入国家密码行业标准（GM/T0002—2012），于 2016 年 8 月被列入国家标准（GB/T32907—2016）。

3.4.1 加密算法

SM4 算法的分组长度和密钥长度均为 128 比特，加密算法采用 32 轮的非平衡 Feistel 结构，算法将轮函数迭代 32 轮，之后加上一个反序变换，目的是使加密和解密保持一致，解密只需将加密密钥逆序使用。

在 SM4 的加密过程中，128 比特的明文和密文均使用 4 个 32 比特的字来表示，明文记为 (X_0, X_1, X_2, X_3)，密文记为 (Y_0, Y_1, Y_2, Y_3)，假设 32 比特的中间变量为 X_i，$4 \leqslant i \leqslant 35$，则加密流程如下：

(1) $X_{i+4} = F(X_i, X_{i+1}, X_{i+2}, X_{i+3}, rk_i) = X_i \oplus T(X_{i+1} \oplus X_{i+2} \oplus X_{i+3} \oplus rk_i)$，$i = 0, \cdots, 31$；

(2) $(Y_0, Y_1, Y_2, Y_3) = R(X_{32}, X_{33}, X_{34}, X_{35}) = (X_{35}, X_{34}, X_{33}, X_{32})$。

其中，F 是轮函数，T 是合成变换，rk_i 是第 $i+1$ 轮密钥，R 是反序变换。

SM4 加密算法流程参见图 3-12。

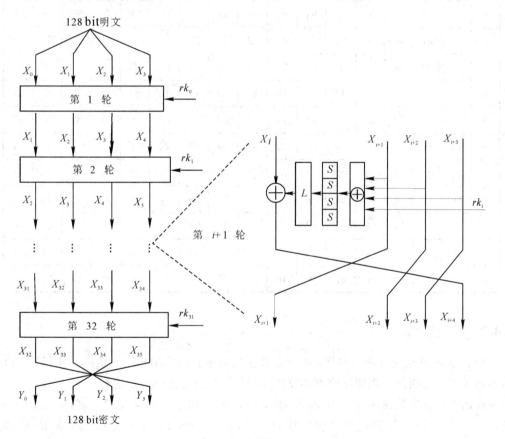

图 3-12 SM4 加密算法流程图

合成置换 T 是将 32 比特映射为 32 比特的可逆变换，由非线性变换 τ 和线性变换 L 复合而成，即首先用 τ 变换作用于 32 比特输入，其结果再用 L 变换作用，记为 $T(\cdot) = L(\tau(\cdot))$。$\tau$ 变换由 4 个并行的 S 盒组成，每个 S 盒是一个 8 比特的代换，可以通过查表实现，见表 3-5。若输入记为 $A = (a_0, a_1, a_2, a_3)$，则输出为 $B = (S(a_0), S(a_1)$，

$S(a_2)$，$S(a_3)$）。

线性变换 L 的输入是 τ 变换的输出，即上述 B，若线性变换 L 的输出记为 C，则

$$C = L(B) = B \oplus (B \lll 2) \oplus (B \lll 10) \oplus (B \lll 18) \oplus (B \lll 24)$$

其中"$\lll$"为循环左移。

表 3-5　SM4 加密算法的 S 盒

	0	1	2	3	4	5	6	7	8	9	a	b	c	d	e	f
0	d6	90	e9	fe	cc	e1	3d	b7	16	b6	14	c2	28	fb	2c	05
1	2b	67	9a	76	2a	be	04	c3	aa	44	13	26	49	86	06	99
2	9c	42	50	f4	91	ef	98	7a	33	54	0b	43	ed	cf	ac	62
3	e4	B3	1c	a9	c9	08	e8	95	80	df	94	fa	75	8f	3f	a6
4	47	07	a7	fc	f3	73	17	ba	83	59	3c	19	e6	85	4f	a8
5	68	6b	81	b2	71	64	da	8b	f8	eb	0f	4b	70	56	9d	35
6	1e	24	0e	5e	63	58	d1	a2	25	22	7c	3b	01	21	78	87
7	d4	00	46	57	9f	d3	27	52	4c	36	02	e7	a0	c4	c8	9e
8	ea	bf	8a	d2	40	c7	38	b5	a3	f7	f2	ce	f9	61	15	a1
9	e0	ae	5d	a4	9b	34	1a	55	ad	93	32	30	f5	8c	b1	e3
a	1d	f6	e2	2e	82	66	ca	60	c0	29	23	ab	0d	53	4e	6f
b	d5	db	37	45	de	fd	8e	2f	03	ff	6a	72	6d	6c	5b	51
c	8d	1b	af	92	bb	dd	bc	7f	11	d9	5c	41	1f	10	5a	d8
d	0a	c1	31	88	a5	cd	7b	bd	2d	74	d0	12	b8	e5	b4	b0
e	89	69	97	4a	0c	96	77	7e	65	b9	f1	09	c5	6e	c6	84
f	18	f0	7d	ec	3a	dc	4d	20	79	ee	5f	3e	d7	cb	39	48

3.4.2　解密算法

SM4 算法具有加解密一致性，即解密算法与加密算法采用相同的结构和轮函数，唯一的不同在于轮密钥的使用顺序刚好相反。下面我们对加解密一致性进行证明。

设加密时轮密钥使用顺序为 $(rk_0, rk_1, \cdots, rk_{30}, rk_{31})$，定义变换 $T_k(a, b, c, d) = (b, c, d, a \oplus T(b \oplus c \oplus d \oplus k))$ 和变换 $\sigma(a, b, c, d) = (d, c, b, a)$。容易验证 σ^2 以及 $\sigma \circ T_k \circ \sigma \circ T_k$ 都是恒等变换，因此 $T_k^{-1} = \sigma \circ T_k \circ \sigma$。于是，32 轮完整 SM4 算法的加密流程可以表示为以下变换：

$$Y = E_K(X) = \sigma \circ T_{rk_{31}} \circ T_{rk_{30}} \circ \cdots \circ T_{rk_1} \circ T_{rk_0}(X)$$

从而解密流程为

$$X = E_K^{-1}(Y) = (\sigma \circ T_{rk_{31}} \circ T_{rk_{30}} \circ \cdots \circ T_{rk_1} \circ T_{rk_0})^{-1}(Y)$$
$$= (T_{rk_0}^{-1} \circ T_{rk_1}^{-1} \circ \cdots \circ T_{rk_{30}}^{-1} \circ T_{rk_{31}}^{-1} \circ \sigma^{-1})(Y)$$
$$= (\sigma \circ T_{rk_0} \circ \sigma \circ \sigma \circ T_{rk_1} \circ \sigma \circ \cdots \circ \sigma \circ T_{rk_{30}} \circ \sigma \circ \sigma \circ T_{rk_{31}} \circ \sigma \circ \sigma^{-1})(Y)$$
$$= (\sigma \circ T_{rk_0} \circ T_{rk_1} \circ \cdots \circ T_{rk_{30}} \circ T_{rk_{31}})(Y)$$

由上式可知，解密轮密钥的使用顺序为$(rk_{31}, rk_{30}, \cdots, rk_1, rk_0)$。

3.4.3 密钥扩展算法

SM4 的密钥扩展算法将 128 比特的种子密钥扩展生成 32 个轮密钥，首先将 128 比特的种子密钥 MK 分为 4 个 32 比特字，记为(MK_0, MK_1, MK_2, MK_3)。

给定系统参数 FK 和固定参数 CK，它们均由 4 个 32 比特字构成，记为 FK $=(FK_0, FK_1, FK_2, FK_3)$，CK $=(CK_0, CK_1, CK_2, CK_3)$，则按照如下算法生成轮密钥：

(1) $(K_0, K_1, K_2, K_3) = (MK_0 \oplus FK_0, MK_1 \oplus FK_1, MK_2 \oplus FK_2, MK_3 \oplus FK_3)$；

(2) $rk_i = K_{i+4} = K_i \oplus T'(K_{i+1} \oplus K_{i+2} \oplus K_{i+3} \oplus CK_i)$，$i = 0, 1, \cdots, 31$。

变换 T' 与加密算法轮函数中的合成置换 T 基本相同，只是将其中的线性变换 L 换成 L'：

$$L': L'(B) = B \oplus (B \lll 13) \oplus (B \lll 23)$$

即 $T(\cdot) = L'(\tau(\cdot))$。

系统参数为

$$FK = (FK_0, FK_1, FK_2, FK_3) = (a3b1bac6, 56aa3350, 677d9197, b27022dc)$$

固定参数为

$$CK_i = (ck_{i,0}, ck_{i,1}, ck_{i,2}, ck_{i,3}), \quad ck_{i,j} = (4i+j) \times 7 \bmod 256$$

具体取值参见表 3-6。

表 3-6 SM4 算法中固定参数 CK_i 的取值

00070e15	1c232a31	383f464d	545b6269
70777e85	8c939aa1	a8afb6bd	c4cbd2d9
e0e7eef5	fc030a11	181f262d	343b4249
50575e65	6c737a81	888f969d	a4abb2b9
c0c7ced5	dce3eaf1	f8ff060d	141b2229
30373e45	4c535a61	686f767d	848b9299
a0a7aeb5	bcc3cad1	d8dfe6ed	f4fb0209
10171e25	2c333a41	484f565d	646b7279

3.4.4 SM4 的安全性

由于 SM4 算法的重要性，在它发布之初就引起了广泛关注，对 SM4 算法的安全性评价是一个研究热点。到目前为止，针对 SM4 算法的主要分析方法有差分分析、线性分析、不可能差分分析。

（1）差分分析和线性分析。文献[4]和文献[5]分别给出了针对 SM4 算法的差分分析和线性分析，结果显示对于 23 轮以上的 SM4 算法，差分分析和线性分析的复杂度均已经超过了穷举搜索，也就是说到目前为止，两种分析方法对于全部轮数的 SM4 算法是无效的。

（2）不可能差分分析。不可能差分分析方法的原理是寻找算法中广泛存在的概率为 0 的差分，将导致这种差分的密钥作为错误密钥进行淘汰，进而得到正确密钥。文献[6]显示，16 轮以上的 SM4 对于这种攻击是免疫的。

针对 SM4 算法，除了以上几种分析方法之外，还有矩形分析、零相关线性分析等方法，但是到目前为止，差分分析和线性分析对 SM4 仍然是最有效的分析方法。这说明，SM4 算法保持了较高的安全冗余，具有较好的抗破解能力。

习　　题

1. 分组密码设计的原则有哪些？
2. NIST 评估 AES 的标准有哪些？
3. 简述 AES 算法中的字节代换和行移位变换。
4. 在 AES 中行移位变换影响了 State 中的多少个字节？
5. 简述 AES 的密钥扩展算法。
6. 针对 DES 的互补对称性设计一个攻击方案，使其复杂度低于穷举搜索。
7. DES 算法的 S 盒是如何进行运算的？
8. 在设计密钥时，分组密码是如何兼顾效率与安全的？
9. 当 128 比特的密钥为全 0 时，给出 AES 密钥扩展数组中的前 8 个字节。
10. 若明文是{000102030405060708090A0B0C0D0E0F}，
　　密钥是{0101010101010101010101010101010101}。
（1）用 4×4 的矩阵来描述 State 的最初内容；
（2）给出初始化轮密钥加后的 State 值；
（3）给出字节代换后的 State 值；
（4）给出行移位后的 State 值；
（5）给出列混淆后的 State 值。
11. AES 算法中列混合的逆变换是什么？
12. 如何证明 SM4 算法具有加解密一致性？

第 4 章 序 列 密 码

序列密码也称流密码，是一类重要的对称密码体制，它的产生源于 1917 年 Gilbert Vernam 提出的 Vernam 体制。序列密码是将一个随机性良好的二进制序列作为密钥，加密过程是将明文与密钥序列进行异或得到密文，解密过程是将密文与密钥序列进行异或得到明文。1949 年 Shannon 证明了只有一次一密的密码体制是无条件安全的，这为序列密码的研究提供了理论支持。如果序列密码所使用的是真正随机的、与消息序列长度相同的密钥序列，则此时的序列密码就是一次一密密码体制。因此，研究序列密码的关键在于研究如何生成尽可能随机的密钥序列。具体来说，序列密码涉及以下几个问题：

（1）如何刻画密钥序列的随机性？

（2）待加密的消息长度是任意的，如何产生任意长度的密钥流？

（3）用户如何快速高效地获得或再生密钥序列？

本章从序列的随机性、序列密码的基本概念、线性反馈移位寄存器与 m 序列等方面讨论以上问题。

4.1 序列的随机性

随机数在密码学中扮演着重要的角色，为抵御统计分析，将一个二元序列作为序列密码的密钥，要求此序列具有良好的随机性。本节介绍随机性的概念及几种常见的产生随机数的方法。

4.1.1 随机性的含义

随机性描述的是一个数字序列的统计特性。真正的随机序列是指不能重复产生的序列。随机数最好的来源是专门设计的产生真正随机数的硬件。自然界中的某些事件是真正随机的。如果记录下计算宇宙射线打在盖革计数器上的时间间隔，就可以得到一串好的随机序列。实际上，不好的电子器件反而可以作为好的随机数发生器。人们发现，噪声被故意做得很大的二极管就是一个很好的随机数来源。

在加密时，最好的随机密钥应该利用自然的物理过程来创立。比如密码编码者可以在工作台上放置一块放射性物质，再用盖革计数器来测定它的放射。有时候放射能连续不断地发生，有时候放射之间有延迟，两次放射之间的时间是不可预测的。密码编码者可以在盖革计数器上连接一个显示屏，以一定的速率循环显示字母表中的字母，一旦检测到放射，屏幕会暂时冻结，此时显示的字母就作为密钥中的一个字母。人们通常使用物理的噪声发生器（如离子辐射脉冲检测器、气体放电管、漏电容等）作为真随机数的来源。然而这些物理设备在网络安全应用中的用处很小，数值的精确性和随机性都有问题，使用起来不方便，而且这些随机源往往具有规则的结构，不适于作为密码体制中的密钥使用。

在密码编码中，随机数是用一个确定算法产生的。由于算法确定，因此产生的数值序列并不是真正意义上的统计随机序列。但如果算法较"好"，所得的序列就可以通过许多随机性测试。通过这些测试的序列被称为伪随机序列。换句话说，伪随机序列不是真正的随机序列，但它具有较好的随机性，从而很难与真正的随机序列区分。

注意：计算机不可能产生真正的随机数。计算机是一个有限的状态机，并且输出状态由过去的输入和当前状态确定。这就是说，计算机中的随机序列产生器是周期性的，任何周期性的东西都是可预测的。如果是可预测的，那么它就不可能是随机的。

通常用以下三个参数来衡量序列的随机性。

1. 周期

对于序列 $\{x_n\}$，满足对任意 $i \in \mathbf{Z}^+$，$x_i = x_{i+p}$ 的最小正整数 p 称为序列的周期。具有有限周期的序列称为周期序列。更一般地，称序列 $\{x_n\}$ 是周期为 p 的终归周期序列，如果存在一个下标 i_0，满足

$$x_{i+p} = x_i \quad (\text{对所有 } i \geqslant i_0 \text{ 成立})$$

2. 游程

在序列 $\{x_n\}$ 中，若有 $x_{t-1} \neq x_t = x_{t+1} = \cdots = x_{t+l-1} \neq x_{t+l}$，则称 $(x_t, x_{t+1}, \cdots, x_{t+l-1})$ 为一个长为 l 的游程。

3. 周期自相关函数

设序列 $\{x_n\}$ 的周期为 p，定义周期自相关函数为

$$R(j) = \frac{A - D}{p}, \quad j = 1, 2, \cdots$$

其中 $A = |\{0 \leqslant i < p; x_i = x_{i+j}\}|$，$D = |\{0 \leqslant i < p; x_i \neq x_{i+j}\}|$。

若 $p \mid j$，则 $R(j)$ 为同相自相关函数，此时 $A = p$，$D = 0$，故 $R(j) = 1$。

若 $p \nmid j$，则 $R(j)$ 为异相自相关函数。

例 4-1 二元序列 1110010 1110010 1110010 1110，其周期 $p = 7$，对于 $p \mid 7$，$R(j) = 1$；当 $p \nmid 7$ 时，设 $j = 3$，考虑一个周期，令 i 从 0 到 $p-1$ 取值，则

$$x_0 \neq x_3, x_1 \neq x_4, x_2 = x_5, x_3 = x_6, x_4 \neq x_7, x_5 = x_8, x_6 \neq x_9$$

故 $A = 3$，$D = 4$，求得 $R(3) = -\dfrac{1}{7}$。

对二进制序列，Golomb 提出了三条随机性假设，满足这些假设的序列具有较强的随机性，被称为伪随机序列。

这三条假设是：

(1) 若序列的周期为偶数，则在一个周期内，0、1 的个数相等；若周期为奇数，则在一个周期内，0、1 的个数相差 1。

(2) 在一个周期内，长度为 l 的游程数占游程总数的 $\dfrac{1}{2^l}$，且对于任意长度，0 游程与 1 游程的个数相等。

（3）所有异相自相关函数值相等。

4.1.2 伪随机数发生器

伪随机数发生器（Pseudo-random Number Generators）是指将一个短的随机数"种子"扩展为较长的伪随机序列的确定算法。

常见的伪随机数发生器主要有以下几种。

1. 线性同余发生器（Linear Congruential Generator）

给定四个整数 m, a, c, x_0，由公式

$$x_{n+1} \equiv (ax_n + c) \bmod m$$

产生的序列 $\{x_n\}$ 便是一个伪随机序列。x_0 为初始值。

这里要求 $m > 0, 0 \leqslant a < m, 0 \leqslant c < m, 0 \leqslant x_0 < m$。

例 4-2 取 $m = 23, a = 2, c = 5$，则序列可由递推公式

$$x_{n+1} = (2x_n + 5) \bmod 23$$

产生，给定种子 $x_0 = 3$，则产生的序列为：3, 11, 4, 13, 8, 21, 1, 10, 2, 9, 0, 5, 15, 12, 6, 17, 16, 14, 10, 2, 9, 0, 5, 15, …，这是一个周期为 11 的终归周期序列。

若选 $m = 23, a = 9, c = 2, x_0 = 1$，则产生的序列为：1, 11, 10, 1, 11, 10, 1, 11, …，周期为 3。

序列的随机性取决于参数的选取，要使产生的序列具有良好的随机性，参数除了要满足 $(m, a) = 1$ 之外，还需满足其他一些性质。

若 m 为素数，$c = 0$，则产生的序列周期为 $m - 1$，通常可取 m 为形如 $2^n - 1$ 的素数，即梅森素数（Mersenne Prime），序列由

$$x_{n+1} = ax_n \bmod m$$

产生。

表 4-1 中给出了构成线性同余发生器的较好的参数。

表 4-1 线性同余发生器常数

溢出位置	a	c	m	溢出位置	a	c	m
2^{20}	106	1283	6075		1277	24 749	117 128
2^{21}	211	1663	1 667 875	2^{28}	741	66 037	312 500
2^{22}	421	1663	7875		2041	25 673	121 500
2^{23}	430	2531	11979		2311	25 367	120 050
	936	1399	6655		1807	45 289	214 326
	1366	1283	6975		1597	51 749	244 944
2^{24}	171	11 214	53 125	2^{29}	1861	49 297	233 280
	659	2531	11 979		2661	36 979	175 000
	419	6173	29 282		4081	25 673	121 500
	967	3041	14 406		3661	30 809	145 800

续表

溢出位置	a	c	m	溢出位置	a	c	m
2^{25}	141	28 411	134 456	2^{30}	3877	29 573	139 968
	625	6571	31 104		3613	45 289	214 326
	1541	2957	14 000		1366	150 889	714 025
	1741	2731	12 960	2^{31}	8121	28 411	134 456
	1291	4621	21 870		4561	51 349	243 000
	205	29 573	139 968		7141	54 773	259 200
2^{26}	421	17117	81 000	2^{32}	9301	49 297	233 280
	1255	6173	29 282		4096	150 889	714 025
	281	28411	134 456	2^{33}	2416	374 441	1 771 875
2^{27}	1093	18 257	86 436	2^{34}	17 221	107 839	510 300
	421	54 773	259 200		36 261	66 037	312 500
	1021	24 631	116 640	2^{35}	84 589	45 989	217 728
	1021	25 673	121 500				

评价线性同余发生器时采用以下准则：

(1) 具有完整周期，即在一个周期中，0 至 m 之间的数都出现。

(2) 满足随机性测试。

(3) 可以高效地实现。

线性同余发生器的优点是方便、快速；缺点是除初值之外，其他数字都是用一个确定的算法产生的。它所产生的序列不能作为序列密码的密钥流，但可以应用在非密码学方面，如计算机仿真。

2. 用加密算法产生

利用现有的加密算法也可以产生伪随机数。

1) 循环加密

设 E 为加密算法，C 为计数器，预置其初值为 0，K_m 为保密的主密钥，由图 4-1 中的算法可产生伪随机序列 $\{x_n\}$，每加密一次，产生一个随机数，同时计数器的值加 1。

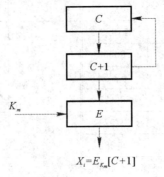

图 4-1　循环加密方式产生随机数

为了加强序列的不可预测性，可将加密算法的输入用一组随机数代替，而不是采用自然数序列。

2）DES 的输出反馈方式

DES 的输出反馈方式是一种流密码的加密方式，其中 DES 算法用于产生密钥流，在这里也可以使用其他分组密码算法，详见第 3.2 节。

3）ANSI X9.17 伪随机数产生器

将 DES 重复 3 次所得到的一种密码算法，简称为 EDE。该算法使用两个密钥 K_1、K_2。

初始化时，设 DT_0 为初始时刻的日期和时间，V_0 为种子密钥，用 K_1、K_2 对 DT_0 加密，结果与 V_0 相加，再对其加密，得到 R_0，然后由下式产生伪随机序列：

$$R_i = EDE_{K_1 K_2}[V_i \oplus EDE_{K_1 K_2}(DT_0)]$$
$$V_{i+1} = EDE_{K_1 K_2}[R_i \oplus EDE_{K_1 K_2}(DT_i)]$$

每一时刻要进行 3 次加密，相当于 9 次 DES 加密，由两个伪随机数驱动。

3. Blum Blum Shub(BBS)发生器

BBS 发生器是利用数论方法产生伪随机数的算法。该算法包括以下步骤：

（1）选择两个大素数 p、q，满足 $p \equiv q \equiv 3 \bmod 4$。

（2）计算其乘积 $n = pq$。

（3）选择随机数 s，$(s, n) = 1$。

（4）计算伪随机序列 $\{B_i\}$，即

$$x_0 \equiv s^2 \bmod n$$
$$x_i \equiv (x_{i+1})^2 \bmod n$$
$$B_i \equiv x_i \bmod 2$$

BBS 发生器在密码学意义上是相对安全的，它的安全性已被证明是基于大整数分解问题。但利用它产生随机数时，计算量比较大。

4.2　序列密码的基本概念

在分组密码中，明文被分为固定长度的组，每一组用同一个密钥确定的变换进行加密。不同于分组密码，在序列密码中，明文符号序列与密钥符号序列逐个加密，密钥序列 $z = z_1 z_2 \cdots$ 的第 i 个符号加密明文序列 $m = m_1 m_2 \cdots$ 的第 i 个符号，即

$$E_z(m) = E_{z_1}(m_1) E_{z_2}(m_2) \cdots$$

若密钥序列重复使用，则称之为周期序列密码，否则，就是一次一密密码。

在序列密码中，第 i 个密钥 z_i 由第 i 时刻密钥流生成器的内部状态和初始密钥 K 决定。密码的安全性主要取决于所用密钥的随机性，所以设计序列密码的核心问题在于设计随机性较好的密钥流生成器。

密钥流生成器可看作是一个有限状态自动机，由输出符号集 Γ、状态集 Δ、状态转移函数 f、输出函数 g 和初始状态 σ_0 所组成，如图 4-2 所示。

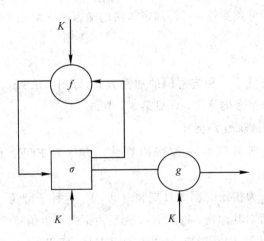

图 4 - 2 密钥流生成器

设计密钥流生成器的关键在于寻找状态转移函数和输出函数，使输出的密钥序列达到良好的伪随机性。密钥流生成器分为驱动部分和非线性组合两部分，如图 4 - 3 所示。

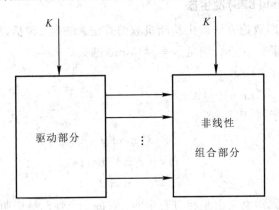

图 4 - 3 密钥流生成器的分解

驱动部分控制生成器的状态，并为非线性组合部分提供周期长、统计性能良好的序列；非线性组合部分利用这些序列组合出满足要求的密钥序列。

根据密钥流生成器中的状态转移函数 f 是否依赖于输入的明文字符，序列密码可分为两类。如果 f 与明文字符无关，则称为同步序列密码（Synchronous Stream Cipher），否则称为自同步序列密码（Self-synchronous Stream Cipher）。

在同步序列密码中，只要发送端和接收端有相同的种子或实际密钥和内部状态，就能产生出相同的密钥流，此时，认为发送端和接收端的密钥生成器是同步的。同步序列密码的一个优点是无错误传播，一个传输错误只影响一个符号，但这也是一个缺点，因为对手窜改一个符号比窜改一组符号容易。

自同步序列密码具有抵抗密文搜索攻击的优点，并且提供认证功能，但是分析起来比较复杂，而且会产生错误扩散。

在以后的讨论中，我们将只考虑有限域 F_2 的情况，即明文为二进制序列，密钥流生成器的输出符号集 $\Gamma = \{0, 1\}$，加密变换为模 2 加。

4.3 线性反馈移位寄存器与 m 序列

通常，密钥流生成器中的驱动部分是一个反馈移位寄存器。线性反馈移位寄存器（Linear Feedback Shift Register，LFSR）的理论非常成熟，它实现简单、速度快、便于分析，因而成为构造密钥流生成器最重要的部件之一。

4.3.1 线性反馈移位寄存器

移位寄存器是一种有限状态自动机，它由一系列的存储单元、若干个乘法器和加法器通过电路连接而成。假设共有 n 个存储单元（此时称该移位寄存器为 n 级），每个存储单元可存储 1 比特信息，在第 i 时刻各个存储单元中的比特序列 $(a_i a_{i+1} \cdots a_{i+n-1})$ 称为移位寄存器的状态，$(a_1 a_2 \cdots a_n)$ 为初始状态。在第 j 个时钟脉冲到来时，存储单元中的数据向前移动 1 位，状态由 $(a_j a_{j+1} \cdots a_{j+n-1})$ 变为 $(a_{j+1} a_{j+2} \cdots a_{j+n})$，同时，按照固定规则产生输入比特和输出比特，如图 4-4 所示。

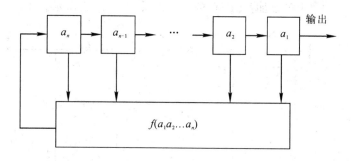

图 4-4 移位寄存器

产生输入数据的变换规则称为反馈函数。给定了当前状态和反馈函数，可以唯一确定输出和下一时刻的状态。通常，反馈函数是一个 n 元布尔函数，即输入是 n 维 0-1 向量，输出为 0 或 1，n 元布尔函数的一般形式为

$$f(a_1 a_2 \cdots a_n) = k_1 a_1 + k_2 a_2 + \cdots + k_n a_n + k_{12} a_1 a_2 + \cdots + k_{1n} a_1 a_n + \cdots k_{12 \cdots n} a_1 \cdots a_n$$

其中系数 $k_i \in \{0, 1\}$，"$+$" 为模 2 加。

例 4-3 如图 4-5 所示的 3 级移位寄存器，给定初态 $s = (a_1 a_2 a_3) = (101)$，按照反馈函数可求出各个时刻的状态及输出，如表 4-2 所示。

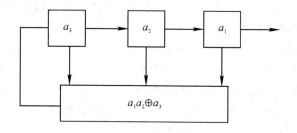

图 4-5 3 级移位寄存器

表 4 - 2　 各个时刻的状态及输出

时刻	状态 ($a_3 a_2 a_1$)	输出	反馈值
1	1　0　1	1	1
2	1　1　0	0	1
3	1　1　1	1	0
4	0　1　1	1	1
5	1　0　1	1	1

由表 4 - 2 可见，状态在第 5 时刻开始重复，因此输出序列的周期是 4，输出序列为 10111011110111011…。

若移位寄存器的反馈函数为线性函数，则称该寄存器为线性反馈移位寄存器。线性布尔函数的一般形式为

$$f(a_1 a_2 \cdots a_n) = c_1 a_1 + c_2 a_2 + \cdots + c_n a_n$$

其中 $c_i \in \{0, 1\}$，"+"为模 2 加。LFSR 的一般形式如图 4 - 6 所示。

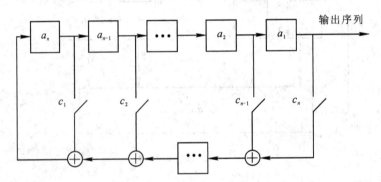

图 4 - 6　 LFSR 的一般形式

初始状态是人为规定的，输入比特 a_{i+n} 由递推关系

$$a_{n+k} = c_1 a_{n+k-1} + c_2 a_{n+k-2} + \cdots + c_n a_k \quad (k \geqslant 1)$$

确定，系数 $c_i \in \{0, 1\}$ 可看作是开关。

4.3.2　移位寄存器的周期及 m 序列

周期是衡量序列的伪随机性的一个重要标准，要产生性能较好的密钥序列，自然要求作为密钥发生器的驱动部分的移位寄存器有较长的周期。下面我们讨论如何用级数尽可能小的 LFSR 产生周期长、统计性能好的输出序列。

一个 n 级 LFSR 的最长周期由以下定理确定。

定理 4 - 1　n 级 LFSR 最多有 2^n 种不同状态，若初态为全零，则其后续状态恒为零，构成一个平凡序列，若初态不为零，则一个周期中最多出现 $2^n - 1$ 种非零状态，故状态周期小于等于 $2^n - 1$，同样，输出序列的周期也小于等于 $2^n - 1$。

定义 4 - 1　周期为 $2^n - 1$ 的 n 级 LFSR 的输出序列称为 m 序列。

例 4 - 4　4 级 LFSR 的框图如图 4 - 7 所示。

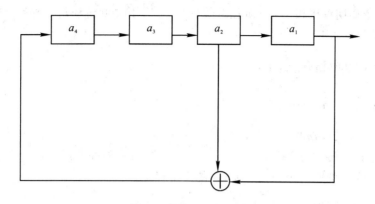

图 4 - 7　4 级 LFSR 框图

设初态为(1111)，则各个时刻的状态及输出如表 4 - 3 所示。

表 4 - 3　一个周期的状态及输出

时 刻	状态($a_4 a_3 a_2 a_1$)				输出
0	1	1	1	1	1
1	0	1	1	1	1
2	0	0	1	1	1
3	0	0	0	1	1
4	1	0	0	0	0
5	0	1	0	0	0
6	0	0	1	0	0
7	1	0	0	1	1
8	1	1	0	0	0
9	0	1	1	0	0
10	1	0	1	1	1
11	0	1	0	1	1
12	1	0	1	0	0
13	1	1	0	1	1
14	1	1	1	0	0
15	1	1	1	1	1

输出序列为：1111　0001　0011　010。

周期 $p=15$。

n 级 m 序列具有以下特性：

(1) 在一个周期中，1 出现 2^{n-1} 次，0 出现 $2^{n-1}-1$ 次，满足 Golomb 的第一条伪随机性假设。

（2）将一个周期首尾相连，其游程总数 $N = 2^{n-1}$，其中 0 游程与 1 游程的数目各半。当 $n > 2$ 时，游程分布如下（$1 \leqslant l \leqslant n-2$）：

① 长为 l 的 0 游程有 $\dfrac{N}{2^{l+1}}$ 个；

② 长为 l 的 1 游程有 $\dfrac{N}{2^{l+1}}$ 个；

③ 长为 $n-1$ 的 0 游程有 1 个；

④ 长为 n 的 1 游程有 1 个；

⑤ 没有长为 n 的 0 游程和长为 $n-1$ 的 1 游程。

（3）异相自相关函数为 $R(j) = -\dfrac{1}{2^n - 1}$，$0 < j \leqslant 2^n - 2$。

可验证，例 4-4 中的序列满足上述特性。m 序列的统计特性类似于伪随机序列，可以满足 Golomb 随机性假设中的第（1）、（3）条，并且基本上满足第（2）条。

接下来的问题就是如何构造 m 序列了。下面，我们将利用线性代数的方法来分析线性反馈移位寄存器，从而找到能产生 m 序列的反馈函数。

首先，LFSR 可以用线性函数递归地定义，末端存储器的输入为

$$a_{n+k} = c_1 a_{n+k-1} + c_2 a_{n+k-2} + \cdots + c_n a_k$$

这种递推关系对于 $k \geqslant 1$ 均成立，其中 $c_1, \cdots, c_n$ 为 LFSR 的反馈函数的系数。

引入多项式：

$$p(x) = 1 + c_1 x + c_2 x^2 + \cdots + c_n x^n$$

其中 $p(x)$ 称为 LFSR 的特征多项式。

定理 4-2 n 级 LFSR 产生的序列有最大周期 $2^n - 1$ 的必要条件为其特征多项式是不可约的。

定义 4-2 设 $p(x)$ 是 $F_2[x]$ 中的多项式，如果 $p(x) | x^p - 1$，但对 $0 < t < p$ 的任何整数 t，$p(x)$ 不整除 $x^t - 1$，则称 p 为 $p(x)$ 的周期或者阶。

定义 4-3 设 $p(x)$ 是 $F_2[x]$ 中的 n 次多项式，如果 $p(x)$ 的阶为 $2^n - 1$，则称 $p(x)$ 为 n 次本原多项式。

推论 4-1 设 n 为整数，且 $2^n - 1$ 为素数，则 $F_2[x]$ 中每个 n 次不可约多项式都是本原多项式。

定理 4-3 设 F_2 上 n 级 LFSR 的特征多项式为 $p(x)$，由此 LFSR 产生的全部序列记为 $G(p)$，则 $G(p)$ 中非零序列全部为 m 序列的充要条件是 $p(x)$ 为 F_2 上的本原多项式。

根据定理，产生 n 级 m 序列的问题就归结为求 F_2 上 n 次本原多项式这个代数问题，此处不加详述。

4.3.3 B-M 算法与序列的线性复杂度

随机数最重要的性质是不可预测性，m 序列虽然具有较长的周期，然而它是确定的。事实上，根据 Berlekamp-Massey（B-M）算法，对于任意 n 级 LFSR，连续抽取序列的 $2n$ 项之后，都可以求出其系数。该算法以长为 N 的二元序列 $a^{(N)} = (a_0, a_1, \cdots, a_{N-1})$ 为输

入，输出产生该序列的最短 LFSR 的特征多项式 $f_N(x)$ 及其阶数 l_N。

B-M 算法如下：

输入：序列 $a^{(N)} = (a_0, a_1, \cdots, a_{N-1})$。

第一步：设置初始值 $\langle f_0(x), l_0 \rangle \leftarrow \langle 1, 0 \rangle$；

第二步：设 $\langle f_i(x), l_i \rangle i = 0, 1, 2, \cdots, n (0 \leq n < N)$ 均已求出，且 $l_0 \leq l_1 \leq l_2 \leq \cdots l_n$。
设 $f_n(x) = 1 + c_1^{(n)} x + c_2^{(n)} x^2 + \cdots + c_{l_n}^{(n)} x^{l_n}$，由此计算 $d_n = a_n + c_1^{(n)} a_{n-1} + c_2^{(n)} a_{n-2} + \cdots + c_{l_n}^{(n)} a_{n-l_n}$。

第三步：当 $d_n = 0$ 时，取 $\langle f_{n+1}(x), l_{n+1} \rangle \leftarrow \langle f_n(x), l_n \rangle$；当 $d_n = 1$ 时，若 $l_n = 0$，则取 $\langle f_{n+1}(x), l_{n+1} \rangle \leftarrow \langle 1 + x^{n+1}, n+1 \rangle$，否则找出 $m (0 \leq m < n)$，使 $l_m < l_{m+1} = l_{m+2} = \cdots = l_n$，取 $\langle f_{n+1}(x), l_{n+1} \rangle \leftarrow \langle f_n(x) + x^{n-m} f_m(x), \max(l_n, n+1-l_n) \rangle$。

对于 $n = 0, 1, 2, \cdots$，重复第二步与第三步，直至 $n = N-1$。

输出：$\langle f_N(x), l_N \rangle$。

B-M 算法的时间复杂性为 $O(N^2)$，空间复杂性为 $O(N)$。

一个二元随机序列 $a_0, a_1, a_2, \cdots$ 可视作一个二元对称信源（BBS）的输出，当前输出位 a_n 与以前输出段 $a_0, a_1, \cdots, a_{n-1}$ 之间是完全独立的，因此，即使已知 $a_0, a_1, \cdots, a_{n-1}, a_n$ 仍是不可预测的。对于 n 级 m 序列，由 B-M 算法，只要得知前面某些少量的比特，就能以不太大的代价求出序列的任一比特。

度量有限长或周期序列的随机性的方法有很多，但最常用的方法是由 Lempel 和 Ziv 建议的"线性复杂度"方法，用产生该序列的最短 LFSR 的长度来度量，这种方法本质上衡量了序列的线性不可预测性。一般来说，能生成某个序列的线性反馈移位寄存器并不唯一，我们关心的是最短的 LFSR 的级数。

定义 4-4 一个有限序列 $x^{(t)} = (x_0, x_1, \cdots, x_t)$ 的线性复杂度，是指生成序列 x^t 所需要的线性反馈移位寄存器的最小长度。

显然，利用 B-M 算法可以确定出 $x^{(t)} = (x_0, x_1, \cdots, x_t)$ 的线性复杂度。对于 GF(p) 上的无穷周期序列 $x^{(\infty)} = (x_0, x_1, x_2 \cdots)$，其线性复杂度的定义与有限序列是完全一致的，即可以产生该序列的线性反馈移位寄存器的最小长度。

定理 4-4 设 $x^{(\infty)} = (x_0, x_1, x_2 \cdots)$ 是 GF(p) 上的无穷周期序列，其线性复杂度为 l，那么，如果已知 $x^{(\infty)}$ 的任意连续 $2l$ 位，则可以确定 $x^{(\infty)}$，并求出 $x^{(\infty)}$ 的特征多项式。

由定理 4-4 可知，序列的线性复杂度应该足够高，线性复杂度低的序列是不能用作密钥序列的，但也并不是说，线性复杂度高的序列就一定能作为密钥序列。比如周期为 p 的序列：

$$0 \; 0 \; 0 \; \cdots \cdots \; 0 \; 1 \; 0 \; 0 \; \cdots \cdots \; 1 \; 0$$

如果 p 很大，则产生该序列的 LFSR 长度也很大，然而该序列显然不能作为密钥序列，它不满足 Golomb 的伪随机性假设。

线性复杂度是衡量序列密码安全性的重要指标，但是要衡量一个序列的性能，仅仅用线性复杂度是远远不够的，原因在于线性复杂度严格局限于线性方式。20 世纪 80 年代末至今，随着频谱理论在密码学中的应用，人们又提出了重量复杂度、球体复杂度、k-错复杂度、变复杂度距离、定复杂度距离以及序列的相关免疫性（Correlation Immunity）等指标，使序列密码的研究日趋完善。

　　根据前文可知,尽管 m 序列是满足三种随机性假设的伪随机序列,但由于容易被预测,因此不可以直接作为密码流生成器来使用。在实际当中,通常将一个或者多个 LFSR 作为密钥流生成器的驱动部分,其输出还要经过非线性组合函数的作用,以生成满足安全性需求的密钥流序列。

4.4　祖冲之序列密码算法(ZUC 算法)

　　祖冲之序列密码算法(ZUC 算法)是由我国信息安全国家重点实验室等单位研制的序列密码算法,其名字来源于我国古代数学家祖冲之。2011 年 9 月 ZUC 算法被批准成为新一代宽带无线移动通信系统(LTE)的国际标准,即 4G 通信的国际标准。2012 年 3 月,该算法成为密码行业标准,2016 年 10 月成为国家标准,2020 年 5 月再次成为 ISO/IEC 国际标准。ZUC 算法的标准化进程,标志着我国商用密码体系的完善与进步。

4.4.1　ZUC 算法中的符号含义

　　ZUC 算法的设计受到了分组密码的影响,如使用了分组密码的部件,产生的密钥流是基于字的形式等。ZUC 算法的输入是 128 比特的初始密钥和 128 比特的初始向量,输出为以 32 比特字为单位的密钥流。ZUC 算法中的符号及其含义见表 4-4。

表 4-4　ZUC 算法中的符号及其含义

符　　号	含　　义
$+$	两个整数相加
ab	两个整数 a 和 b 相乘
$=$	赋值运算
mod	整数取模
$\oplus$	模 2 加
$\boxplus$	模 2^{32} 加
$a \parallel b$	比特串 a 和 b 级联
a_H	整数 a 的高(最左)16 位
a_L	整数 a 的低(最右)16 位
$a <<< k$	a 循环左移 k 位
$a >> 1$	a 右移 1 位
$(a_1, a_2, \cdots, a_n) \rightarrow (b_1, b_2, \cdots, b_n)$	a_i 到 b_i 的并行赋值

4.4.2　ZUC 算法的结构

　　ZUC 算法从逻辑上分为上中下三层,上层是 16 级线性反馈移位寄存器(LFSR),中层是比特重组(Bit Reconstruction,BR),下层是非线性函数 F。

1. 线性反馈移位寄存器

线性反馈移位寄存器(LFSR)由 16 个 31 比特的寄存器单元 $s_0, s_1, \cdots, s_{15}$ 组成,每个单元在集合$\{1，2，3，\cdots，2^{31}-1\}$中取值。

线性反馈移位寄存器的特征多项式是有限域 $GF(2^{31}-1)$ 上的 16 次本原多项式：

$$p(x)=x^{16}-2^{15}x^{15}-2^{17}x^{13}-2^{21}x^{10}-2^{20}x^4-(2^8+1)$$

因此，其输出为有限域 $GF(2^{31}-1)$ 上的 m 序列，具有良好的随机性。

线性反馈移位寄存器的运行模式有两种：初始化模式和工作模式。

1）初始化模式

在初始化模式中，LFSR 接受一个 31 比特字 u，u 是非线性函数 F 的比特输出 W 通过舍弃最低位比特得到的，即 $u=W\gg1$。计算过程如下：

LFSRWithInitializationMode(u)

{

    (1) $v=2^{15}s_{15}+2^{17}s_{13}+2^{21}s_{10}+2^{20}s_4+(1+2^8)s_0 \bmod (2^{31}-1)$；

    (2) $s_{16}=(v+u) \bmod (2^{31}-1)$；

    (3) 如果 $s_{16}=0$，则置 $s_{16}=2^{31}-1$；

    (4) $(s_1，s_2，\cdots，s_{15}，s_{16})\rightarrow(s_0，s_1，\cdots，s_{14}，s_{15})$。

}

2）工作模式

在工作模式下，LFSR 没有输入。计算过程如下：

LFSRWithWorkMode()

{

    (1) $s_{16}=2^{15}s_{15}+2^{17}s_{13}+2^{21}s_{10}+2^{20}s_4+(1+2^8)s_0 \bmod (2^{31}-1)$；

    (2) 如果 $s_{16}=0$，则置 $s_{16}=2^{31}-1$；

    (3) $(s_1，s_2，\cdots，s_{15}，s_{16})\rightarrow(s_0，s_1，\cdots，s_{14}，s_{15})$。

}

比较上述两种模式，差别在于初始化模式需要引入由非线性函数 F 输出的 W 通过舍弃最低位比特得到的 u，而工作模式不需要。其目的在于，引入非线性函数 F 的输出，可使线性反馈移位寄存器的状态随机化。

LFSR 的作用主要是为中层的比特重组（BR）提供随机性良好的输入驱动。

2. 比特重组

比特重组从 LFSR 的寄存器单元中抽取 128 比特组成 4 个 32 比特字 X_0，X_1，X_2，X_3，其中前 3 个字将用于下层的非线性函数 F，第 4 个字参与密钥流的计算。

具体计算过程如下：

BitReconstruction()

{

    (1) $X_0=s_{15H} \parallel s_{14L}$；

    (2) $X_1=s_{11L} \parallel s_{9H}$；

    (3) $X_2=s_{7L} \parallel s_{5H}$；

    (4) $X_3=s_{2L} \parallel s_{0H}$。

}

注意：我们用 a_H 表示整数 a 的高（最左）16 位，用 a_L 表示整数 a 的低（最右）16 位。对每个 $i(0 \leqslant i \leqslant 15)$，$s_i$ 的比特长是 31，所以 s_{iH} 由 s_i 的第 30 到第 15 比特位构成，而不是第 31 到第 16 比特位。

3. 非线性函数 F

非线性函数 F 有 2 个 32 比特长的存储单元 R_1 和 R_2，其输入为来自上层比特重组的 3 个 32 比特字 X_0、X_1、X_2，输出为一个 32 比特字 W。因此，非线性函数 F 是一个把 96 比特压缩为 32 比特的非线性压缩函数。具体计算过程如下：

$F(X_0, X_1, X_2)$

{

(1) $W = (X_0 \oplus R_1) \oplus R_2$；

(2) $W_1 = R_1 \oplus X_1$；

(3) $W_2 = R_2 \oplus X_2$；

(4) $R_1 = S(L_1(W_{1L} \| W_{2H}))$；

(5) $R_2 = S(L_2(W_{2L} \| W_{1H}))$。

}

其中 S 是 32×32 的 S 盒，L_1、L_2 是线性变换。S 盒及 L_1、L_2 的描述如下：

(1) S 盒。32×32 的 S 盒由 4 个并置的 8×8 的 S 盒构成，即

$$S = (S_0, S_1, S_2, S_3)$$

其中 $S_0 = S_2$，$S_1 = S_3$，于是有

$$S = (S_0, S_1, S_0, S_1)$$

S_0 和 S_1 的定义分别如表 4-5 和表 4-6 所示。

例如，设 $X = 0x12345678$，则

$$Y = S(X) = S_0(0x12)S_1(0x34)S_0(0x56)S_1(0x78) = 0xF9C05A4E$$

表 4-5　S 盒 S_0

	0	1	2	3	4	5	6	7	8	9	A	B	C	D	E	F
0	3E	72	5B	47	CA	E0	00	33	04	D1	54	98	09	B9	6D	CB
1	7B	1B	F9	32	AF	9D	6A	A5	B8	2D	FC	1D	08	53	03	90
2	4D	4E	84	99	E4	CE	D9	91	DD	B6	85	48	8B	29	6E	AC
3	CD	C1	F8	1E	73	43	69	C6	B5	BD	FD	39	63	20	D4	38
4	76	7D	B2	A7	CF	ED	57	C5	F3	2C	BB	14	21	06	55	9B
5	E3	EF	5E	31	4F	7F	5A	A4	0D	82	51	49	5F	BA	58	1C
6	4A	16	D5	17	A8	92	24	1F	8C	FF	D8	AE	2E	01	D3	AD
7	3B	4B	DA	46	EB	C9	DE	9A	8F	87	D7	3A	80	6F	2F	C8
8	B1	B4	37	F7	0A	22	13	28	7C	CC	3C	89	C7	C3	96	56
9	07	BF	7E	F0	0B	2B	97	52	35	41	79	61	A6	4C	10	FE

续表

	0	1	2	3	4	5	6	7	8	9	A	B	C	D	E	F
A	BC	26	95	88	8A	B0	A3	FB	C0	18	94	F2	E1	E5	E9	5D
B	D0	DC	11	66	64	5C	EC	59	42	75	12	F5	74	9C	AA	23
C	0E	86	AB	BE	2A	02	E7	67	E6	44	A2	6C	C2	93	9F	F1
D	F6	FA	36	D2	50	68	9E	62	71	15	3D	D6	40	C4	E2	0F
E	8E	83	77	6B	25	05	3F	0C	30	EA	70	B7	A1	E8	A9	65
F	8D	27	1A	DB	81	B3	A0	F4	45	7A	19	DF	EE	78	34	60

表 4 - 6 S 盒 S_1

	0	1	2	3	4	5	6	7	8	9	A	B	C	D	E	F
0	55	C2	63	71	3B	C8	47	86	9F	3C	DA	5B	29	AA	FD	77
1	8C	C5	94	0C	A6	1A	13	00	E3	A8	16	72	40	F9	F8	42
2	44	26	68	96	81	D9	45	3E	10	76	C6	A7	8B	39	43	E1
3	3A	B5	56	2A	C0	6D	B3	05	22	66	BF	DC	0B	FA	62	48
4	DD	20	11	06	36	C9	C1	CF	F6	27	52	BB	69	F5	D4	87
5	7F	84	4C	D2	9C	57	A4	BC	4F	9A	DF	FE	D6	8D	7A	EB
6	2B	53	D8	5C	A1	14	17	FB	23	D5	7D	30	67	73	08	09
7	EE	B7	70	3F	61	B2	19	8E	4E	E5	4B	93	8F	5D	DB	A9
8	AD	F1	AE	2E	CB	0D	FC	F4	2D	46	6E	JD	97	E8	D1	E9
9	4D	37	A5	75	5E	83	9E	AB	82	9D	B9	1C	E0	CD	49	89
A	01	B6	BD	58	24	A2	5F	38	78	99	15	90	50	B8	95	E4
B	D0	91	C7	CE	ED	0F	B4	6F	A0	CC	F0	02	4A	79	C3	DE
C	A3	EF	EA	51	E6	6B	18	EC	1B	2C	80	F7	74	E7	FF	21
D	5A	6A	54	1E	41	31	92	35	C4	33	07	0A	BA	7E	0E	34
E	88	B1	98	7C	F3	3D	60	6C	7B	CA	D3	1F	32	65	04	28
F	64	BE	85	9B	2F	59	8A	D7	B0	25	AC	AF	12	03	E2	F2

(2)线性变换 L_1 和 L_2。L_1 和 L_2 为 32 比特线性变换，定义如下：

$$L_1(X) = X \oplus (X <<< 2) \oplus (X <<< 10) \oplus (X <<< 18) \oplus (X <<< 24)$$
$$L_2(X) = X \oplus (X <<< 8) \oplus (X <<< 14) \oplus (X <<< 22) \oplus (X <<< 30)$$

其中，$L_1(X)$ 与 SM4 密码中的线性变换 $L(B)$ 相同。

非线性函数 F 中采用的非线性变换 S 盒的作用是提供混淆，线性变换 L 的作用是提供扩散。非线性函数 F 输出的 W 与比特重组 (BR) 输出的 X_3 异或，形成输出密钥序列 Z。

ZUC算法的结构如图4-8所示。

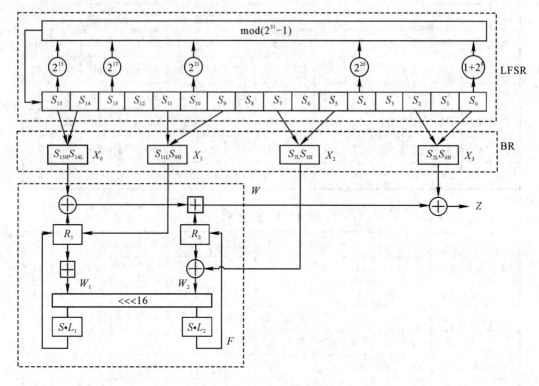

图 4 - 8　ZUC算法结构图

4. 密钥装载

密钥装载过程是将 128 比特的初始密钥 k 和 128 比特的初始向量 IV 扩展为 16 个 31 比特长的整数，作为 LFSR 寄存器单元 s_0，s_1，$\cdots$，s_{15} 的初始状态。

设 k 和 IV 分别为 $k = k_0 \parallel k_1 \parallel \cdots \parallel k_{15}$ 和 $\mathrm{IV} = \mathrm{IV}_0 \parallel \mathrm{IV}_1 \parallel \cdots \parallel \mathrm{IV}_{15}$，其中，$k_i$ 和 IV_i 均为 8 比特长字节，$0 \leqslant i \leqslant 15$。密钥装入过程如下：

(1) 设 D 为 240 比特的常量，可按如下方式分成 16 个 15 比特的字串：

$$D = d_0 \parallel d_1 \parallel \cdots \parallel d_{15}$$

其中，d_i 的二进制数表示为

$$d_0 = 100010011010111$$
$$d_1 = 010011010111100$$
$$d_2 = 110001001101011$$
$$d_3 = 001001101011110$$
$$d_4 = 101011110001001$$
$$d_5 = 011010111100010$$
$$d_6 = 111000100110101$$
$$d_7 = 000100110101111$$
$$d_8 = 100110101111000$$
$$d_9 = 010111100010011$$

$$d_{10}＝110101111000100$$
$$d_{11}＝001101011110001$$
$$d_{12}＝101111000100110$$
$$d_{13}＝011110001001101$$
$$d_{14}＝111100010011010$$
$$d_{15}＝100011110101100$$

（2）对 $0{\leqslant}i{\leqslant}15$，取 $s_i＝k_i\parallel d_i\parallel \mathrm{IV}_i$。

4.4.3　ZUC 算法的运行

ZUC 算法的运行分为两个阶段：初始化阶段和工作阶段。

1. 初始化阶段

调用密钥装载过程是将 128 比特的初始密钥 k 和 128 比特的初始向量 IV 装入到 LFSR 的寄存器单元变量 s_0，s_1，…，s_{15} 中，作为 LFSR 的初态，并置非线性函数 F 中的 32 比特存储单元 R_1 和 R_2 全为 0，然后重复执行以下过程 32 次：

（1）BitReconstruction()；

（2）$W＝F(X_0, X_1, X_2)$；

（3）LFSRWithInitialisationMode(u)。

2. 工作阶段

初始化完成以后，即可进入工作阶段。

首先执行以下过程一次，并将 F 的输出 W 丢弃：

（1）BitReconstruction()；

（2）$F(X_0, X_1, X_2)$；

（3）LFSRWithWorkMode()。

然后进入密钥输出阶段，其中每进行一次循环，就执行以下过程一次，输出一个 32 比特的密钥字 Z：

（1）BitReconstruction()；

（2）$Z＝F(X_0, X_1, X_2)\oplus X_3$；

（3）LFSRWithWorkMode()。

习　　题

1. 什么是伪随机序列？什么是真随机序列？

2. 衡量序列随机性有哪些参数？

3. 试分析线性同余发生器的优缺点。

4. 产生伪随机序列有哪些主要方法？

5. 设计一个伪随机数发生器。

6. 什么是 m 序列？它的随机性如何？

7. 什么是 LFSR 的特征多项式？

8. 设序列的一个周期为(0111100101000111100110101111001111000)，给出其游程与自相关函数。

9. 在线性同余发生器中，令 $a = 31$，$m = 109$。

(1) 求其输出序列；

(2) 分析此序列的随机性。

10. 设 5 级 LFSR 的初始状态为 $(a_1a_2a_3a_4a_5) = (10011)$，反馈函数为 $f = a_1 \oplus a_4$，画出该 LFSR 的框图，求输出序列及周期。

11. 3 级 LFSR 在 $c_3 = 1$ 时可有 4 种线性反馈函数，设其初始状态为 $(a_1a_2a_3) = (101)$，求各线性反馈函数的输出序列及周期。

12. 利用 BM 算法求序列(10101111)的线性复杂度。

13. 已知 ZUC 算法中 $Y = S(X) = 0x5B71F39A$ 是 S 盒的 32 位输出，X 为 S 盒的 32 位输入，求 X。

第 5 章　公 钥 密 码

5.1　公钥密码的原理

5.1.1　公钥密码的基本思想

分组密码和序列密码有一个共同特点，就是加密和解密使用的密钥相同，或者可以很容易地从一个导出另一个，这样的密码体制被称为对称密码体制或单钥密码体制。

作为现代密码的重要分支，序列密码和分组密码在军事、外交及商业机密的保护中发挥了重要作用。但是，它们在应用中也存在以下问题。

(1) 秘密信道不易获取。使用对称密码体制进行保密通信时，通信双方要事先通过秘密的信道传递密钥，而要建立一个秘密信道十分不易。建立起来后，要维护这个信道正常运行需要花费极高代价，同时也引入了新的不安全因素。在二战期间，德国高级指挥部每个月都需要分发《每日密钥》月刊给所有的"Enigma"机操作员，即使对于大多数时间都必须远离基地的潜艇，也不得不想办法获得最新的密钥。20 世纪 70 年代，美国的银行系统尝试雇用专职的密钥分发员，这些人都经过了严格的选拔，他们带着密钥箱到处旅行，亲手将密钥交给客户。随着商务网络的逐渐扩大，更多的信息需要送出，更多的密钥需要分发，银行发现分发密钥的开支变得无比昂贵。密钥分配所造成的时间延迟和费用问题，以及其中存在的安全隐患，是在大型信息处理网络上进行商业通信的一个主要障碍。

(2) 密钥量大，不易管理。使用对称密码时，两个用户间的通信密钥是不能让第三方知道的，由此造成所需的密钥量太大。在有 n 个用户的通信网络中，每个用户要想和其他 $n-1$ 个用户进行通信，系统中的总密钥量将达到 $C_n^2 = \dfrac{n(n-1)}{2}$，而每个用户必须保存 $n-1$ 个密钥。这样大的密钥量，在保存、传递、使用和销毁各个环节中都会有不安全因素存在。

(3) 无法用于网络中的数字签名和身份验证。除了保密通信，信息网络中还存在大量其他类型的安全需求，如发送方身份识别、消息的完整性验证、不可抵赖等。比如在签署合同时，交易双方必须提供签名作为法律依据，以保证合同的有效性，而在进行电子交易时，必须有手写签名的数字形式（即数字签名）来确认身份，还必须有一套机制来保证双方不能对签署过的信息有抵赖行为。这些应用都需要有相应的密码技术来支持，而传统的对称密码显然无法胜任。

为了避免事先秘密地传递密钥，人们设想能否构造一种新的密码，不用事先传递密钥也能实现加密和解密。1976 年，Diffie 和 Hellman 发表论文《密码学的新方向》，首先提出了公钥密码的思想。在单钥密码中，之所以要传递密钥，是因为加密和解密使用的密钥相同，如果设计一种加密体制，其中加密和解密使用的密钥不同，并且将加密密钥公开也不会暴露解密密钥，则可以避免事先传递密钥，从而无需任何秘密信道。这就是公钥密码的基本思想。在公钥密码中，每个用户有一对密钥，可将其加密密钥通过某种方式公开（如在网站上公布）。向该用户发送信息时，查到其公开密钥并加密，用户收到后，用自己保存的解密密钥解密即可。比如用户 Alice 的加密和解密密钥分别为 e_A 和 d_A，将 e_A 公开，d_A 保密，若 Bob 要给 Alice 发送加密信息，他需要查到 Alice 的公开密钥 e_A 并用它加密，Alice 收到密文后，用解密密钥 d_A 解密，除了 Alice 本人，其他人都不知道 d_A，即使截获了密文，也是无法恢复明文的。这里一个最基本的要求就是由公开的 e_A 无法求出 d_A，就是说，由公开密钥推导解密密钥在计算上是困难的。为了达到这个要求，在构造公钥密码体制时，需要借助于一些计算上困难的问题，即 NP 问题。公钥密码中常使用的困难问题包括背包问题、分解大整数、离散对数问题等，这些问题目前还不存在高效的解法。公钥密码的安全性取决于构造算法所依赖的数学问题的计算复杂性，所以公钥密码在理论上是可以破译的，但在实际应用中，如果参数选取恰当，则安全性可以满足需求。

与对称密码相比，公钥密码具有以下优点：

（1）不需要任何秘密信道来共享密钥。由于加密密钥是公开的，加密之前只需要查到对方的加密密钥即可，不用通过秘密信道来传递密钥。

（2）密钥量大大减少。每个用户有一对密钥，且每个用户只需保存自己的解密密钥，所以密钥量大大减少了。

（3）可以用于数字签名、消息认证等场合。

5.1.2　陷门单向函数

构造公钥密码的关键，可以归结为寻找一种加密算法，使得解密对于普通用户而言是一个困难问题，而对于合法接收方却很容易。换言之，对于普通用户而言，加密过程是一个单向函数，由明文求密文的过程是容易的，而由密文倒推出明文是困难的；而对合法接收方而言，由密文倒推出明文也是容易的。

所谓单向函数，是指对于函数 $f(x)$，已知自变量 x 的值，求函数值 $f(x)$ 很容易，但函数值 $f(x)$ 已知时，求自变量 x 是困难的。其严格定义如下：

定义 5 - 1（单向函数）　函数 $f:\{0,1\}^* \to \{0,1\}^*$ 称为单向函数，如果满足以下两个条件：

（1）易求值：存在多项式时间算法 A，使得对任意 $x \in \{0,1\}^*$，有 $A(x) = f(x)$；

（2）难求逆：对任意概率多项式时间算法 A'，任意多项式 p，以及足够大的 n，则有

$$\Pr_{x \in \{0,1\}^n}\left[A'(f(x),1^n) \in f^{-1}(f(x))\right] < \frac{1}{p(n)}$$

其中概率空间是所有 $x \in \{0,1\}^n$ 以及算法 A' 内部随机数的所有可能取值。

一般的单向函数显然无法直接用于加密，能作为加密函数使用的单向函数，还必须满足这样的性质，那就是对于合法的接收方来说，求逆也是容易的。这就是所谓的陷门单向函数，即带"后门"的单向函数。一个单向函数如果在已知 $f(x)$ 和一个"附加"信息后，求 x 也是容易的，则称该函数为陷门单向函数。其中的"附加"信息叫作"陷门"（Trapdoor）。

设计公钥密码的关键就是要寻找合适的陷门单向函数，使合法的接收方掌握"陷门"信息——解密密钥。陷门已知时，解密的过程是非常容易的；而陷门未知时，解密是一个计算困难的问题。

5.1.3 Diffie-Hellman 密钥交换协议

Diffie 和 Hellman 在论文《密码学的新方向》中只是提出了公钥的思想，并没有构造出一种可行的公钥加密算法，但他们给出了一种通信双方无须事先传递密钥也能利用单钥密码体制进行保密通信的方法，这就是 Diffie-Hellman 密钥交换协议。通过该协议，通信双方可以在公共信道上建立一个秘密密钥，即一段时间内使用的会话密钥。

假设通信双方 Alice 和 Bob 拥有的公共参数为：大素数 p 及模 p 的原根 g，为了在公共信道上通过协商来共享密钥，他们运行如下的协议：

（1）Alice 随机选择整数 x_A，计算 $y_A = g^{x_A}$，将 y_A 传给 Bob；

（2）Bob 随机选择整数 x_B，计算 $y_B = g^{x_B}$，将 y_B 传给 Alice；

（3）Alice 计算 $y_B^{x_A} = g^{x_B x_A}$，Bob 计算 $y_A^{x_B} = g^{x_A x_B}$，易知两者是相等的，从而 $k = g^{x_A x_B}$ 即可作为双方的通信密钥。

这里 x_A、x_B 是双方的秘密参数，y_A、y_B 则相当于公开参数。由离散对数问题的困难性，易知根据 y_A、y_B 求 x_A、x_B 在计算上是不可行的，而根据最终协商的密钥 k 求 x_A、x_B 也相当于解离散对数问题。

例 5-1 设 $p=43$，$g=3$，Alice 和 Bob 通过如下的交互过程协商会话密钥：

Alice 选择 $x_A=8$，计算 $y_A=3^8=25 \bmod 37$，将 25 传给 Bob；

Bob 选择 $x_B=37$，计算 $y_B=3^{37}=20 \bmod 37$，将 20 传给 Alice；

双方分别求得会话密钥为

$$k = 20^8 = 25^{37} = 9 \bmod 43$$

Diffie-Hellman 密钥交换协议是无需秘密信道的密钥协商，被广泛应用于网络的各种身份验证解决方案中。

5.2 背 包 密 码

5.2.1 超递增背包问题

第 2.3.3 节中介绍的背包问题是一个经典的 NP 完全问题，然而并非所有的背包问题实例都是困难的，有一类背包问题比较容易求解，那就是所谓的超递增背包问题。

如果背包向量 $A=(a_1, a_2, \cdots, a_n)$ 满足 $a_i > \sum_{j=1}^{i-1} a_j$，$1 \leqslant i \leqslant n$，则称 A 为超递增背包向量，此时的背包问题就是一个超递增背包问题。

求解此问题的算法称为"贪心算法"，设背包容量为 K，先用背包向量中最大的分量 a_n 与 K 比较，得到 x_n 的值，$x_n = \begin{cases} 1 & K \geqslant a_n \\ 0 & K < a_n \end{cases}$，再令 $K_1 = K - x_n a_n$，用 a_{n-1} 与 K_1 比较，又

可以得到 x_{n-1} 的值，依此类推，可以求出全部分量。

例 5-2　用贪心算法解超递增背包问题。

超递增背包向量 $A=(1,3,7,13,26,65,119,256)$，背包容量 $K=99$。

因为 $99<256$，所以 $x_8=0$。同理可得

$99<119$，$x_7=0$；

$99>65$，$x_6=1$；

$99-65=34>26$，$x_5=1$；

$34-26=8<13$，$x_4=0$；

$8>7$，$x_3=1$；

$8-7=1<3$，$x_2=0$；

$1=1$，$x_1=1$。

求出的解向量为 (10101100)。

1978 年，Merkle 和 Hellman 利用超递增背包问题是易解的这一条件，很巧妙地构造了第一个公钥加密方案——背包密码。其基本设计思想是，令解密对于合法接收方是一个超递增的背包问题实例，而对非法窃听者是一个普通背包问题实例，陷门信息则是两个实例间实施的某种特定转化，转化方法由接收方掌握。

5.2.2　背包加密实例

下面我们通过对一个加密实例的解析来描述背包公钥密码，同时阐明对称加密与公钥加密之间的区别以及公钥密码的优越性。

假设 Alice 要向 Bob 传递的明文信息是 10 个比特：00110 10001，将其表示为向量形式 $m=(00110\ 10001)$，首先对 m 设计如下的加密方式：

先找 10 个随机数字 $sk^*=(43,129,215,473,903,302,561,1165,697,1523)$，再把明文和数字按位相乘再相加，得到结果 $c=215+473+302+1523=2513$，类似于求两个向量的内积，求出的 2513 就是密文，即

$$c=m\times(sk^*)^T$$

其中 sk^* 就是密钥，它必须保密，且通信双方需要通过秘密信道共享这串密钥。解密时，Bob 要求解背包问题实例 (sk^*,c)，显然这样做运算量太大了，并且在最坏情况下，合法接收者和窃听者都需要试 $2^{10}=1024$ 次才能解密成功。这样的加密方法显然不符合公钥密码的设计思想，也无法在实际中正常使用。

上述算法之所以失败，主要原因在于，所选择的 10 个数字是一个普通背包向量。下面我们另选 10 个数字 $sk=(1,3,5,11,21,44,87,175,349,701)$，用这组数字作为密钥，与明文按位相乘再相加，得到密文 $c=5+11+44+701=761$。

接收方 Bob 对 761 解密时，由于密钥的超递增性，解密过程变得异常简单。利用解超递增背包问题的算法直接求解，得到明文 $m=(00110\ 10001)$。此时，解密只需要比较 9 次，再做不超过 9 次的减法，用计算机可在瞬间完成。

上述的加密方案称为背包密码的对称加密版本，其构造如图 5-1 所示。

> 明文：长度为10的二进制字符串 m
>
> 密文：整数 c
>
> 密钥：长度为10的超递增序列 sk
>
> 加密：$c = m \times (\mathrm{sk})^{\mathrm{T}}$
>
> 解密：解超递增背包问题

图 5-1　背包密码的对称加密版本

在上述对称加密版本中，密钥就是超递增背包序列 sk，它必须保密，且 Alice 和 Bob 需要通过秘密信道共享这串密钥。这种加密方案拥有对称密码的种种缺点，如需要秘密信道、密钥数量太多等。

下面我们从接收方 Bob 的角度出发，将对称加密方案改造成为公钥加密方案。改造的过程分三步：

（1）Bob 找两个整数 t、n，满足 n 大于 sk 中所有数字之和，且 t 与 n 互素。Bob 将超递增序列 sk 以及这两个整数保密。

（2）用 t 和 n 对 sk 进行伪装，方法是用 t 与 sk 中的每个数字相乘，得到新的向量 $\boldsymbol{sk}^*$：
$$\mathrm{sk}^* = \mathrm{sk} \times t \bmod n$$
并把 sk* 公开。

（3）利用扩展的欧几里得算法求出一个数 t^{-1}，满足 $tt^{-1} = 1 \bmod n$。

例如，令 $n = 1590$，$t = 43$，则求出 sk* = (43, 129, 215, 473, 903, 302, 561, 1165, 697, 1523)，而 $t^{-1} = 37$。

现在，假设 Alice 想传递消息 $m = (00110\ 10001)$ 给 Bob，她需要查到 Bob 公开的新密钥 sk*，用其对明文加密，得到密文 $c = 2513$。

Bob 收到 2513 后，用自己掌握的 t^{-1} 和 n（注意，这两个数只有 Bob 知道）对密文 2513 进行处理，计算
$$c \times t^{-1} = m \times \mathrm{sk}^{\mathrm{T}} \times t \times t^{-1} = m \times \mathrm{sk}^{\mathrm{T}} \bmod n$$
因为 $tt^{-1} = 1 \bmod n$，所以这里可以约去 t 和 t^{-1}，剩下的恰好相当于对明文用 sk 加密的结果。代入数字计算，得
$$2513 \times 37 = 761 \bmod 1590$$

最后，用超递增背包序列 sk 解密，得到明文 $m = (00110\ 10001)$。

注意，在上述的公钥加密版本中，Alice 和 Bob 不用在秘密信道上共享任何信息，因为 Bob 已经把加密密钥公开了。而解密的过程严格依赖于 sk、t 和 n，在没有这些信息时，攻击者要利用密文 2513 和公开 SK* 的解密，相当于解普通背包问题。这就是 Merkle-Hellman 背包公钥密码。

5.2.3　Merkle-Hellman 背包公钥密码

Merkle-Hellman 背包公钥密码的系统构造分为以下几步：

（1）选择超递增向量 sk = (a_1, a_2, …, a_r) 作为秘密密钥；

　　(2) 随机选择整数 t、n，满足 $n > \sum\limits_{i=1}^{r} a_i$，且 $(t, n) = 1$，$0 < t < n$；

　　(3) 求出 t 模 n 的逆元 t^{-1}，即 $tt^{-1} = 1 \bmod n$；

　　(4) 计算 $a_i' \equiv ta_i \bmod n$，$1 \leq i \leq r$，得到新的普通背包向量 $\mathrm{sk}^* = (a_1', a_2', \cdots, a_n')$；

　　(5) 将 sk^* 公开，t、n、sk 保密。

　　加密过程：设明文消息为 $m = (x_1, x_2, \cdots, x_r)$，$x_i \in \{0, 1\}$，$1 \leq i \leq r$，计算 $c = \sum\limits_{i=1}^{n} x_i a_i'$，整数 c 即为密文。

　　解密过程：用户收到 c 后，计算 $c^* = t^{-1} c \bmod n$，由于 $n > \sum\limits_{i=1}^{r} a_i$，故 $c^* = \sum\limits_{i=1}^{n} x_i a_i$，解这个超递增背包问题，即可求出明文 m。

　　例 5 - 3　设超递增向量 $\mathrm{sk} = (1, 3, 7, 13, 26, 65, 119, 256)$，选取 $n = 523$，$t = 467$，利用欧几里得算法求出 $t^{-1} = 28$。

　　对超递增向量进行变换，用 t 去乘 sk 的每一分量，再模 n，得到普通背包向量 $\mathrm{sk}^* = (467, 355, 131, 318, 113, 21, 135, 245)$，将其公开作为加密密钥。将参数 n、t 及 sk 保密。

　　假设明文信息为 (10101100)，对其加密时，计算 $c = \sum\limits_{i=1}^{n} x_i a_i' = 467 + 131 + 113 + 21 = 732$，密文即为整数 732。

　　解密时，用 t^{-1} 与 c 相乘模 n，得到整数 c^*：
$$c^* = 723 \times 28 = 20\ 496 = 99 \bmod 523$$
再利用秘密密钥 sk 解超递增背包问题 $\sum\limits_{i=1}^{8} x_i a_i = 99$，可得到各 x_i 的值，从而求出明文为 (10101100)。

　　背包公钥密码在安全性上存在明显的漏洞，为了将普通背包问题转化为一个超递增背包问题，攻击者并不需要找到秘密的 t 和 n，只要找到了任意的 t' 和 n' 使得向量 $B = (a_1 t_1' \bmod n', \cdots, a_r t_r' \bmod n')$ 为超递增的，就可以转化为一个相对容易的问题。按照这个思路，Adi Shamir 在 1978 年发明了一种方法，可以在多项式时间内找到一对 (t', n')，将公开向量转化为一个超递增向量，从而破译了背包公钥密码。

　　此外，背包公钥密码很容易遭受选择密文攻击。

　　背包公钥密码除了 Merkle-Hellman 体制外，还有其他形式，如 Galois 域上的背包公钥密码、Chor-Rivest 背包公钥密码等，但到目前为止，只有 Chor-Rivest 背包公钥密码还没有被人们用数学方法破译。破译背包公钥密码的理论基础是 L^3 格基归约算法，常见的破译方法有两种：一种是 Shamir 的方法，一种是 Lagarias 和 Odlyzko 的方法。

5.3　RSA 密码

　　1977 年，麻省理工学院的三位数学家 Ron Rivest、Adi Shamir 和 Len Adleman 在经过将近一年的探讨后，成功地设计了一种公钥密码算法，该算法根据其设计者的名字命名为 RSA 密码。其后的三十年内，RSA 密码成为世界上应用最广泛的公钥密码体制。

5.3.1 RSA 密码的构造

在 RSA 密码系统中，每个用户有公开的加密密钥 n、e 和保密的解密密钥 d，这些密钥通过以下步骤确定：

(1) 用户选择两个大素数 p、q，计算 $n=pq$，以及 n 的欧拉函数值 $\varphi(n)=(p-1)(q-1)$；

(2) 选择随机数 e，要求 $1<e<\varphi(n)$，且 $\gcd(e,\varphi(n))=1$；

(3) 求出 e 模 $\varphi(n)$ 的逆 d，即 $ed\equiv 1 \bmod \varphi(n)$；

(4) 将 n、e 公开，d 保密。

加密时，首先要将明文编码成为十进制数字，再分为小于 n 的组。设 m 为一组明文，要向用户 Alice 发送加密信息时，利用 Alice 的公开密钥 n_A、e_A，计算

$$c=E(m)=m^{e_A} \bmod n_A$$

求出的整数 c 即为密文。

Alice 收到 c 后，利用自己的解密密钥 d_A，计算 $D(c)=c^{d_A} \bmod n_A$，由欧拉定理计算出的 $D(c)$ 恰好等于加密前的明文 m。事实上，由于 $e_A d_A\equiv 1 \bmod \varphi(n_A)$，从而 $\varphi(n_A)|e_A d_A-1$，设 $e_A d_A=t\cdot\varphi(n_A)+1$，$t$ 为整数，当 $(m,\varphi(n_A))=1$ 时，有 $m^{\varphi(n_A)}\equiv 1 \bmod n_A$，所以

$$D(c)=m^{e_A d_A}=m^{t\cdot\varphi(n_A)+1}\equiv(m^{\varphi(n_A)})^t\cdot m\equiv m \bmod n_A$$

这里对于每一个明文分组 m，要求其与模数 n 互素，否则解密时可能得不到正确明文。那么，对明文的这种限制是否使这种密码算法不实用呢？显然，符合条件的明文数目为 $\varphi(n)=(p-1)(q-1)$，任选一组明文，与 n 互素的概率为

$$P_{(m,n)=1}=\frac{\varphi(n)}{n}=1-\frac{1}{p}-\frac{1}{q}+\frac{1}{pq}$$

当 p、q 很大时，概率接近 1。这说明绝大多数明文都可以加密。对于不能正常加密的明文分组，可以选择适当的编码方式，将其转换为与 n 互素的整数。

例 5-4 RSA 密码系统构造。

选 $p=53$，$q=41$，$n=pq=2173$，$\varphi(n)=2080$，选择 $e=31$，计算 $d=671$，将 n、e 公开，d 保密。

设明文 m 为 374，对其加密，得到密文：

$$c=m^e\equiv 446 \bmod 2173$$

解密时，计算 $c^d=374 \bmod 2173$，恢复出明文 374。

注：形如 $n=pq$（p、q 为不同的素数）的整数被称为 RSA 模数或 Blum 整数。

5.3.2 RSA 密码的实现及应用

比起分组密码，公钥密码的速度是非常慢的。在硬件实现时长方面，RSA 是 DES 的 1000 倍；在软件实现时长方面，前者是后者的 100 倍。随着技术的发展，这种差距可能会发生变化，但 RSA 的速度永远也不会达到对称密码的速度，因而 RSA 不适于直接用来加密大量的明文信息，而是将其用于密钥管理，再与分组密码（用于加密明文）相结合构成混合密码体制，如 PGP。

RSA 的加密过程是一个模 n 的指数运算，计算 $m^e \bmod n$，这个运算有一个快速实现

方法，其算法如下：

首先，将 e 表示为二进制形式：
$$e = a_0 + 2a_1 + 4a_2 + \cdots + 2^{r-1}a_{r-1}, \quad r = \lceil \ln e \rceil, \quad a_i \in \{0, 1\}$$
然后预计算出
$$m_1 \equiv m^2 \bmod n$$
$$m_2 \equiv m_1^2 \bmod n \equiv m^4 \bmod n$$
$$\vdots$$
$$m_{r-1} \equiv m_{r-2}^2 \bmod n \equiv m^{2^{r-1}} \bmod n$$
其中 $0 < m_i \leqslant n-1$，$1 \leqslant i \leqslant r-1$。

由于
$$m^e = m^{a_0 + 2a_1 + \cdots + 2^{r-1}a_{r-1}} = m^{a_0} \cdot (m^2)^{a_1} \cdots (m^{2^{r-1}})^{a_{r-1}}$$
而
$$(m^{2^i})^{a_i} = \begin{cases} 1, & a_i = 0 \\ m^{2^i}, & a_i = 1 \end{cases}$$

因此，对于给定的 e，只需根据其二进制表示，取出 $a_i = 1$ 的 m^{2^i} 相乘即可。该算法的中间结果均为小于 n 的整数，从而使运算量大大减小。

例 5 - 5　计算 $374^{31} \bmod 2173$。

首先计算
$$374^2 = 139876 \equiv 804 \bmod 2173$$
再求 $374^4 \bmod 2173$，根据
$$374^4 = 804^2 = 646416 \equiv 1035 \bmod 2173$$
上式知，$374^2 \equiv 804 \bmod 2173$，故类似地，有
$$374^8 = 1035^2 = 1071225 \equiv 2109 \bmod 2173$$
$$374^{16} = 2109^2 = 4447881 \equiv 1923 \bmod 2173$$
因为
$$31 = 1 + 2 + 4 + 8 + 16$$
所以
$$374^{31} = 1923 \times 2109 \times 1035 \times 804 \times 374 \equiv 446 \bmod 2173$$

5.3.3　RSA 密码的安全性

RSA 密码的安全性是基于这样一个假设，即其安全性完全依赖于大数分解问题的困难性。更精确地说，RSA 密码的安全性依赖于对整数 $n = pq$（p、q 为素数）进行分解的困难性。

对 RSA 密码常见的攻击方法有以下几种。

1. 分解 n

攻击 RSA 体制最直接的方式就是试图分解模数 n，得到 p、q，求出 $\varphi(n)$，从而由 e 和 $\varphi(n)$ 求出解密密钥 d。分解一个整数可以用原始的试除法，但这样做效率太低。今天对大整数进行分解最有效的三种算法是二次筛法（Quadratic Sieve）、椭圆曲线分解算法（Elliptic Curve Factoring）和数域筛法（Number Field Sieve）。其他著名算法还有 Pollard 的 ρ 算法和 $p-1$ 算法、Dixon 的随机平方算法、William 的 $p+1$ 算法、连分式算法

(Continued Fraction)等。

110 位的 RSA 数早已能被分解，Rivest 最初悬赏 100 美元来破译 129 位整数，43 个国家的 600 多人参与，用 1600 台计算机同时运行，耗时 8 个月，最终在 1994 年 4 月 2 日将该数分解成为 65 位×64 位的两个因子。130 位的 RSA 数于 1996 年 4 月 10 日被分解。目前参数取值为 1024 位以上的 RSA 被认为是符合安全性要求的。

2. 直接猜测 $\varphi(n)$

直接猜测 $\varphi(n)$ 并不比分解 n 容易。因为若能猜出 $\varphi(n)$，则由

$$\begin{cases} \varphi(n) = pq - p - q + 1 \\ n = pq \end{cases}$$

很容易求出 n 的分解。已证明这种方法等价于分解 n。

3. 小指数攻击

当加密指数 e 较小时，可加快运算速度，但易受攻击。

如果采用不同的模数 n 及相同的 e 值，对 $\dfrac{e(e+1)}{2}$ 个线性相关的消息加密，则存在一种攻击方法（见下例）。如果消息也相同，则用 e 个消息就够了。

例 5-6　三个用户的加密密钥 e 均为 3，而有不同的模数 n_1、n_2、n_3，这里要求 n_1、n_2、n_3 两两互素，若要同时向这三个用户发送广播消息 m，先对 m 分别加密，计算

$$c_1 \equiv m^3 \bmod n_1$$
$$c_2 \equiv m^3 \bmod n_2$$
$$c_3 \equiv m^3 \bmod n_3$$

这里 $m < \min\{n_1, n_2, n_3\}$。

密码分析者截获到这三个密文后，由于 n_1、n_2、n_3 两两互素，可用中国剩余定理求出

$$c \equiv m^3 \bmod n_1 n_2 n_3$$

由于 $m < \min\{n_1, n_2, n_3\}$，故 $m^3 < n_1 n_2 n_3$，因此有 $m = \sqrt[3]{c}$，这样就得到了明文 m。

防止这种攻击的方法：对于短的消息，可用独立的随机值进行填充，使其足够长，即令消息 m 满足 $m^3 > n_1 n_2 n_3$，这样便可防止小指数攻击。

另外，解密指数 d 太小时也易受攻击，Michael Wiener 提出一种低解密指数攻击方法，当 $3d < n^{\frac{1}{4}}$ 且 $q < p < 2q$ 时，可以成功地计算出 d，即如果 n 的长度为 l 比特，当 d 的二进制表示的位数小于 $\dfrac{l}{4} - 1$，且 p 和 q 相距不太远时攻击有效。

4. 定时攻击

定时攻击（Timing Attack）通过观察解密所需时间来确定解密密钥。如果 d 的二进制表示中 1 的数目较多，则解密需要的运算时间也较长，反之，则解密时间较短。据此可以猜测 d 的取值。

5.3.4　RSA 密码的参数选择

1. n 的确定

n 的确定可归结为如何选择 p、q，对于 p 和 q，有以下一些要求：

（1）p、q 要足够大。

一般选 p、q 为 100～200 位的十进制素数。这里一个关键问题是素数的判定，即给定一个大整数，判定其是否为素数。常用的素数判定方法有 Solovay-Strassen 法、Lehman 法、Miller-Rabin 法和 Demytko 法等。

（2）p、q 之差要大。

若 p、q 之差较小，不妨设 $p > q$，则 $\dfrac{p-q}{2}$ 也较小，由

$$n = pq = \frac{(p+q)^2}{4} - \frac{(p-q)^2}{4}$$

当 $\dfrac{p-q}{2}$ 很小时，$\dfrac{(p+q)^2}{4}$ 接近 n，从而 $\dfrac{p+q}{2}$ 接近 $\sqrt{n}$，只比 $\sqrt{n}$ 稍大一点，可以逐个检验大于 $\sqrt{n}$ 的整数 x，直到找到一个 x，使得 $x^2 - n$ 是一个平方数。设 $x^2 - n = y^2$，则由

$$\begin{cases} \dfrac{p+q}{2} = x \\ \dfrac{p-q}{2} = y \end{cases}，推出 \begin{cases} p = x + y \\ q = x - y \end{cases}。$$

例 5-7　若 $n = 97343$，则 $\sqrt{n} = 311.998$，而 $312^2 - n = 1$，因此得到 $p = 313$，$q = 311$，可以验证 $n = pq$。

（3）$p-1$ 和 $q-1$ 要有大的素因子。

若 $p-1$ 和 $q-1$ 的素因子均较小，则存在一种分解 n 的算法，具体如下：

设 $p - 1 = \prod\limits_{i=1}^{t} p_i^{a_i}$，$p_i$ 为素数，a_i 为整数。若 $p_i (i = 1, 2, \cdots, t)$ 都较小，则可选择整数 $a \geqslant a_i$（对所有 i），令 $R = \prod\limits_{i=1}^{t} p_i^{a}$，显然 $p - 1 \mid R$，设 $R = (p-1)m$，m 为正整数。下面对比较小的素数依次进行检测，从 2 开始，首先有 $2^R = (2^{p-1})^m$，由费马定理，$2^{p-1} \equiv 1 \bmod p$，故 $2^R \equiv 1 \bmod p$，令 $2^R \equiv x \bmod n$，若 $x = 1$，则选 3 代替 2。若 x 仍为 1，则选 5 代替 3，直到 $x \neq 1$。

此时，由于 $p \mid 2^R - 1$，$n \mid 2^R - x$，可设 $2^R - 1 = k_1 p$，$2^R - x = k_2 n$（k_1、k_2 为整数），故 $x - 1 = k_1 p - k_2 n$，所以 $p \mid x - 1$，从而 $\gcd(x-1, n) = p$，可利用欧几里得算法求出 p，从而分解 n。

当然，前面对 R 的猜测是在 $p-1$ 的分解未知的情况下进行的，但因 $p-1$ 的素因子都较小，可用所有的小素数试，这样做可以使分解 n 的难度略有降低。

例 5-8　设 $n = pq = 118\,829$，分解 n。

可用所有小于 14 的素数试。

假设 $a_i = 1$，为简单起见也设 $a = 1$，构造 $R = \prod\limits_{p_i < 14} p_i = 2 \cdot 3 \cdot 5 \cdot 7 \cdot 11 \cdot 13$，则 $2^R = 103\,935 \bmod n$，由欧几里得算法易求 $\gcd(103\,935 - 1, 118\,829) = 331$，可验证 $n = 331 \times 359$。

由于 330 的素因子都较小（不超过 14），所以这种分解方法很容易成功。

为避免这种情况，在 RSA 算法中，通常选择 p、q 为强素数。

所谓强素数，是指满足以下条件的素数 p：

- 存在两个大素数 p_1、p_2，使 $p_1 | p-1$，$p_2 | p+1$；
- 存在四个大素数 r_1、s_1、r_2、s_2，使 $r_1 | p_1-1$，$s_1 | p_1+1$，$r_2 | p_2-1$，$s_2 | p_2+1$。

通常又称 p_1、p_2 为二级素数，r_1、s_1、r_2、s_2 为三级素数。

（4）$p-1$ 与 $q-1$ 的最大公约数要小。

在惟密文攻击时，假设破译者截获了密文 $c \equiv m^e \bmod n$，他可作如下递推运算：

$$m_1 \equiv c$$
$$m_2 \equiv m_1^e \equiv m^{e^2} \bmod n$$
$$\vdots$$
$$m_i \equiv (m_{i-1})^e \equiv m^{e^i} \bmod n$$

若存在某个 i，使 $e^i \equiv 1 \bmod \varphi(n)$，则有 $m_i \equiv m \bmod n$，并且 $e^{i+1} \equiv e \bmod \varphi(n)$，即 $m_{i+1} \equiv c \bmod n$。从而可推测，m_i 即为明文 m。当 i 取值较小时，这种方法易成功，而 i 与 $p-1$ 和 $q-1$ 的最大公因子有关。这是因为，若 $i = \varphi(\varphi(n)) = \varphi((p-1)(q-1))$，则必满足 $e^i \equiv 1 \bmod \varphi(n)$，如果 $p-1$ 和 $q-1$ 的最大公因子较小，则 $\varphi(\varphi(n))$ 也较小，从而易求出满足条件的 i。

2. e 和 d 的选择

首先，加密指数 e 要满足 $\gcd(e, \varphi(n)) = 1$。除此之外，为减少计算量，可令 e 的二进制表示中 1 的数目尽量少，Knuth 和 Shamir 曾建议选 $e = 3$，但 e 太小时易遭受小指数攻击。为此，可选 $e = 2^{16} + 1 = 65537$。另外，e 在 $\bmod \varphi(n)$ 中的阶数，即满足 $e^i \equiv 1 \bmod \varphi(n)$ 的最小整数 i，要达到 $\dfrac{(p-1)(q-1)}{2}$。

e 选定后，可用欧几里得算法在多项式时间内求出 d。与 e 相似，d 也不能太小，否则易受攻击。

思考：在例 5-6 中，为什么要求三个用户的模数两两互素？

5.4 其他类型的公钥密码

5.4.1 ElGamal 密码

ElGamal 密码是基于离散对数问题的最著名的公钥密码体制，它是 1985 年由 Taher ElGamal 设计的，既可用于加密也可用于签名，目前被广泛应用于许多密码协议中。1991 年 8 月，由 NIST 公布的数字签名标准 DSS，正是在 ElGamal 密码方案的基础上设计的。

ElGamal 密码系统需要如下参数：选择大素数 p、模 p 的原根 g，随机选择整数 x，计算 $y \equiv g^x \bmod p$，将 p、g、y 公开，x 保密。

假设明文被编码为整数 m，加密者选择随机整数 k，满足 $\gcd(k, p-1) = 1$，计算

$$c_1 \equiv g^k \bmod p$$
$$c_2 \equiv my^k \bmod p$$

密文 $c = (c_1, c_2)$。

收到密文组(c_1, c_2)后，进行如下解密运算：

$$c_2 \cdot (c_1^x)^{-1} = my^k \cdot (g^{kx})^{-1} = mg^{kx}(g^{kx})^{-1} \equiv m \bmod p$$

例 5-9 选择 $p=37$，$g=2$，$x=11$，计算 $y \equiv g^x \bmod p = 13$，将 p、g、y 公开，x 保密。

设明文为 $m=15$，选择随机数 $k=7$，计算

$$c_1 = g^k = 2^7 \equiv 17 \bmod 37$$

$$c_2 = my^k = 15 \times 13^7 \equiv 36 \bmod 37$$

密文 $c = (c_1, c_2) = (17, 36)$。

收到密文后，计算

$$c_1^x = 17^{11} \equiv 32 \bmod 37$$

利用欧几里得算法求出 $32^{-1} = 22 \bmod 37$。

再计算

$$c_2 \cdot (c_1^x)^{-1} = 36 \times 22 \equiv 15 \bmod 37$$

由此得到明文为 15。

在 ElGamal 密码体制中，加密运算是随机的。因为密文既依赖于明文，又依赖于选择的随机数，所以，对于同一个明文，会有许多可能的密文，每一次加密都需要一个新的随机数。

注意：为什么不同的明文要选择不同的随机数？

如果所有的明文都使用相同的 k，攻击者在已知消息 m_1 时又截获了消息 m_2 对应的密文，设 $y_1 = m_1 g^{xk} \bmod p$，$y_2 = m_2 g^{xk} \bmod p$，且攻击者已知 m_1，则可求得 $g^{xk} = m_1^{-1} y_1 \bmod p$，从而求得 $m_2 = y_2 (g^{xk})^{-1} = y_2 y_1^{-1} \bmod p$，这样就破解了消息 m_2。

5.4.2 椭圆曲线密码

1. 椭圆曲线上的困难问题

定义 5-2 由三次方程（Weierstrass 方程）

$$y^2 + axy + by = x^3 + cx^2 + dx + e$$

所确定的平面曲线称为椭圆曲线，满足方程的点称为曲线上的点。若系数 a、b、c、d、e 来自有限域 F_p，则曲线上的点数目也是有限的。这些点再加上一个人为定义的无穷远点 O，构成了集合 $E(F_p)$，$E(F_p)$ 的点数记作 $\sharp E(F_p)$。

在构造公钥密码系统时，我们主要关心这样一种椭圆曲线，其方程为

$$y^2 = x^3 + ax + b, \quad x, y, a, b \in F_p$$

定理 5-1 椭圆曲线上的点集合 $E(F_p)$ 对于如下定义的加法规则构成一个 Abel 群：

(1) $O + O = O$；

(2) 对 $\forall (x, y) \in E(F_p)$，$(x, y) + O = (x, y)$；

(3) 对 $\forall (x, y) \in E(F_p)$，$(x, y) + (x, -y) = O$，即点 (x, y) 的逆为 $(x, -y)$；

(4) 若 $x_1 \neq x_2$，则 $(x_1, y_1) + (x_2, y_2) = (x_3, y_3)$，其中

$$\begin{cases} x_3 = \lambda^2 - x_1 - x_2 \\ y_3 = \lambda(x_1 - x_3) - y_1 \end{cases}, \quad \lambda = \frac{y_2 - y_1}{x_2 - x_1}$$

(5)（倍点规则）对 $\forall (x_1, y_2) \in E(F_p)$，$y_1 \neq 0$，则 $2(x_1, y_1) = (x_2, y_2)$，其中

$$\begin{cases} x_2 = \lambda^2 - 2x_1 \\ y_2 = \lambda(x_1 - x_2) - y_1 \end{cases}, \qquad \lambda = \frac{3x_1^2 + a}{2y_1}$$

以上规则体现在曲线图形上，含义如下：

(1) O 是加法单位元；

(2) 一条与 x 轴垂直的线和曲线相交于两个 x 坐标相同的点，即 $P_1 = (x, y)$ 和 $P_2 = (x, -y)$，同时它也与曲线相交于无穷远点，因此 $P_2 = -P_1$；

(3) 横坐标不同的两个点 R 和 Q 相加时，先在它们之间画一条直线并求直线与曲线的第三个交点 P，此时有 $R + Q = -P$；

(4) 对一个点 Q 加倍时，通过该点画一条切线并求切线与曲线的另一个交点 S，则 $Q + Q = 2Q = -S$。

例 5 - 10　$p = 23$，曲线 E：$y^2 = x^3 + x + 1$，$E(F_p)$ 中的所有点为

(0, 1)(0, 22)(1, 7)(1, 16)(3, 10)(3, 13)(4, 0)

(5, 4)(5, 19)(6, 4)(6, 19)(7, 11)(7, 12)(9, 7)(9, 16)

(11, 3)(11, 20)(12, 4)(12, 19)(13, 7)(13, 16)(17, 3)

(17, 20)(18, 3)(18, 20)(19, 5)(19, 18)

这些点加上无穷远点，对如上定义的加法规则构成可交换群 $E(F_{23})$，其中共 28 个点。

(1) 令 $P_1 = (x_1, y_1) = (3, 10)$，$P_2 = (x_2, y_2) = (9, 7)$。

计算 $P_1 + P_2$：

$$\lambda = \frac{y_2 - y_1}{x_2 - x_1} = \frac{7 - 10}{9 - 3} = -\frac{1}{2} \equiv 11 \bmod 23$$

$$x_3 = \lambda^2 - x_1 - x_2 = 11^2 - 3 - 9 \equiv 17 \bmod 23$$

$$y_3 = \lambda(x_1 - x_3) - y_1 = 11 \times (3 - 17) - 10 \equiv 20 \bmod 23$$

所以 $P_1 + P_2 = (x_3, y_3) = (17, 20)$。

(2) 令 $P_1 = (x_1, y_1) = (3, 10)$。

计算 $2P_1$：

$$\lambda = \frac{3x_1^2 + a}{2y_1} = \frac{3 \times 3^2 + 1}{20} \equiv 6 \bmod 23$$

$$x_2 = \lambda^2 - 2x_1 = 6^2 - 6 \equiv 7 \bmod 23$$

$$y_2 = \lambda(x_1 - x_2) - y_1 = 6 \times (3 - 7) - 10 \equiv 12 \bmod 23$$

因此 $2P_1 = (7, 12)$。

例 5 - 11　对 $E_{11}(1, 6)$ 上的点 $G = (2, 7)$，计算 $2G$ 到 $13G$ 的值为

$2G = (5, 2)$，$3G = (8, 3)$，$4G = (10, 2)$，$5G = (3, 6)$，$6G = (7, 9)$

$7G = (7, 2)$，$8G = (3, 5)$，$9G = (10, 9)$，$10G = (8, 8)$，$11G = (5, 9)$

$12G = (2, 4)$，$13G = O$

设 $P \in E(F_p)$，点 Q 为 P 的倍数，即存在正整数 x，使 $Q = xP$，则椭圆曲线离散对数问题是指由给定的 P 和 Q 确定出 x。从目前的研究成果看，椭圆曲线上的离散对数问题比有限域上的离散对数似乎更难处理，这就为构造公钥密码体制提供了新的途径。基于椭圆曲线离散对数问题，人们构造了椭圆曲线密码体制。

定义 5-3 设 E 为椭圆曲线，P 为 E 上的一点，若存在正整数 n，使 $nP=O$，则称 n 是点 P 的阶，这里 O 为无穷远点。

注意： 椭圆曲线上的点不一定都有有限阶。

2. 用椭圆曲线实现 Diffie-Hellman 密钥交换协议

设 E 为有限域 F_p 上的椭圆曲线，Alice 和 Bob 共同约定 $E(F_p)$ 中的一个点作为通信密钥，协商步骤如下：

(1) 公开选取 $E(F_p)$ 中的一个大阶点 R；

(2) Alice 随机选取整数 a，将其保密，并计算 $aR \in E(F_p)$；

(3) Bob 随机选取整数 b，将其保密，并计算 $bR \in E(F_p)$；

(4) Alice 将 aR 传给 Bob，Bob 将 bR 传给 Alice；

(5) Alice 计算 $a(bR)=abR=Q$，Bob 计算 $b(aR)=abR=Q$。

点 Q 即为双方协商的通信密钥。

3. 椭圆曲线公钥密码 (ECC)

1) 系统的构造

选取基域 F_p、椭圆曲线 E，在 E 上选择阶为素数 n 的点 $P(x_p, y_p)$。

公开信息为：域 F_p、曲线方程 E、点 P 及其阶 n。

2) 密钥的生成

用户 Alice 随机选取整数 d，$1 < d \leqslant n-1$，计算 $Q=dP$，将点 Q 作为公开密钥，整数 d 作为秘密密钥。

3) 加密与解密

若要给 Alice 发送秘密信息 M，则需执行以下步骤：

(1) 将明文 M 表示为域 F_p 中的一个元素 m；

(2) 在 $[1, n-1]$ 内随机选择整数 k；

(3) 计算点 $(x_1, y_1)=kP$；

(4) 计算点 $(x_2, y_2)=kQ$，若 $x_2=0$，则重新选择 k；

(5) 计算 $c=mx_2$；

(6) 将 (x_1, y_1, c) 发送给 Alice。

Alice 收到密文后，利用秘密密钥 d，计算

$$d(x_1, y_1)=dkP=k(dP)=kQ=(x_2, y_2)$$

再计算 $cx_2^{-1}=m$，得到明文 m。

这里 $Q=dP$ 是公开的，如果破译者能够解决椭圆曲线上的离散对数问题，就能从 dP 中恢复 d，完成解密。

例 5-12 用户 Alice 选择 F_{23} 上的曲线 $y^2=x^3+x+1$ 并公开，选择整数 $d=3$，曲线上的点 $P=(3, 10)$，计算 $Q=dP=(19, 5)$，将 d 保密，P、Q 公开。

设明文经过编码之后表示为域元素 $m=11$，信息的发送方 Bob 选择随机整数 $k=4$，计算

$$(x_1, y_1)=kP=(17, 3)$$

再计算

$$(x_2, y_2) = kQ = (5, 4)$$

对明文作变换

$$c = mx_2 = 11 \times 5 \equiv 9 \bmod 23$$

将 (x_1, y_1, c) 发送给 Alice。

　　Alice 收到后，计算

$$d(x_1, y_1) = 3(17, 3) = (5, 4)$$

再求

$$cx_2^{-1} \equiv 11 \bmod 23$$

便得到了明文 $m = 11$。

　　相对于 RSA 和基于有限域上离散对数的公钥密码体制而言，在达到同样的安全级别下，椭圆曲线公钥密码（ECC）需要相对较小的操作数长度。例如，在安全性相同的情况下，RSA 选择 1024 比特的模数，而 ECC 只需要 160 比特就足够了。在 ECC 中，通常选择操作数长度为 150～200 比特。

5.4.3　Rabin 密码

　　1979 年，M.O. Rabin 基于求合数平方剩余问题的困难性构造了一种新的公钥密码体制，称为 Rabin 密码。Rabin 密码是第一个可证明安全性的公钥密码体制。

　　Rabin 密码系统的构造很简单，步骤如下：

　　(1) 选择一对大素数 p、q，满足 $p \equiv q \equiv 3 \bmod 4$；

　　(2) 计算 $n = pq$；

　　(3) 将 n 公开，p、q 保密。

　　对消息 m 加密时，只需计算

$$c \equiv m^2 \bmod n$$

解密时，计算

$$m_1 \equiv c^{\frac{p+1}{4}} \bmod p$$

$$m_2 \equiv (p - c^{\frac{p+1}{4}}) \bmod p$$

$$n_1 \equiv c^{\frac{q+1}{4}} \bmod q$$

$$n_2 \equiv (q - c^{\frac{q+1}{4}}) \bmod q$$

再利用中国剩余定理求解四个方程组：

$$\begin{cases} M \equiv m_1 \bmod p \\ M \equiv n_1 \bmod q \end{cases}; \quad \begin{cases} M \equiv m_1 \bmod p \\ M \equiv n_2 \bmod q \end{cases}; \quad \begin{cases} M \equiv m_2 \bmod p \\ M \equiv n_1 \bmod q \end{cases}; \quad \begin{cases} M \equiv m_2 \bmod p \\ M \equiv n_2 \bmod q \end{cases}$$

求出 $c \bmod n$ 的四个平方根 M_1、M_2、M_3、M_4，这四个根中有一个等于明文 m，根据上下文意义即可判断是哪一个，也可在消息中附加一个已知的标题。

5.4.4　NTRU 密码

　　NTRU 密码是由数学家 J. Hoffstein 和 J. Pipher 等人于 1998 年提出的一种基于多项式环的公钥密码体制。其特点是密钥短且容易产生，算法的运算速度快，所需存储空间小。

　　NTRU 密码的主要运算是环 $R = Z[x]/x^N - 1$ 上的多项式加法和乘法。在 R 中定义乘法运算"$*$"如下：对任意 R 中的多项式 $f = \sum\limits_{i=0}^{N-1} a_i x^i$，$g = \sum\limits_{j=0}^{N-1} b_j x^j$，有

$$f * g = \left(\sum_{i=0}^{N-1} a_i x^i\right)\left(\sum_{j=0}^{N-1} b_j x^j\right) \bmod (x^N - 1) = \sum_{i+j=k \bmod N} a_i b_j x^k$$

NTRU 密码的构造过程如下。

1. 参数选择

随机选择 3 个正整数 N、p、q，其中 N 为大素数，p 与 q 互素，且 q 远远大于 p，令 R 为多项式环 $R = Z[x]/x^N - 1$，即 R 由零多项式及次数不超过 $N-1$ 的多项式组成。

2. 密钥生成

（1）随机选择两个秘密多项式 $f, g \in R$，其中 f 在模 q 和模 p 下均可逆，计算出 f 模 p 和模 q 的逆元分别为 f_p^{-1} 与 f_q^{-1}，如果 f 不可逆，则需重新选取 f；

（2）计算 $h = f_q^{-1} * g \bmod q$；

（3）将 (f, f_p^{-1}) 作为私钥，h 作为公钥。

3. 加密算法

设明文 $m \in \mathbf{R}$，其系数是模 p 既约的，随机选取模 p 既约的 $r \in \mathbf{R}$，计算

$$c = pr * h + m \bmod q$$

如果 $f * m + pg * r$ 是模 q 既约的，即系数在区间 $(-q/2, q/2]$ 内，则得到的多项式 c 就是消息 m 的密文，否则重新选择 $r \in \mathbf{R}$ 进行加密。

注意：如果 $f * m + pg * r$ 不是模 q 既约的，则解密过程将失败，但人们证明这种情况出现的概率是很小的（$N = 251$ 时，失败的概率小于 2^{-80}，当 N 增大时失败的概率将更小）。

4. 解密算法

设 $c \in \mathbf{R}$ 为密文，其系数是模 q 既约的，解密过程需要以下两步：

（1）计算 $a = f * c \bmod q$，a 的系数选在 $-q/2 \sim q/2$ 之间；

（2）计算 $m' = f_p^{-1} * a \bmod p$，则 m' 即为明文。

解密的正确性证明：

$$a = fc = fpr * h + fm \bmod q$$
$$= f * pr * f_q^{-1} * g + fm \bmod q$$
$$= pr * g + fm \bmod q$$

由于 a 的系数在 $-q/2 \sim q/2$ 之间，故上式模 q 运算后结果不变。再计算

$$m' = f_p^{-1} * a = f_p^{-1} * pr * g + f_p^{-1} * f * m \bmod p = m \bmod p$$

即完成了解密。

NTRU 是一种有代表性的基于格（Lattice）的公钥密码体制，其安全性基于高维格中寻找最短向量问题的困难性。NTRU 中只使用了简单的模乘法、加法及求逆运算，与 RSA 和 ElGamal 相比，其效率更高，需要的计算量更小。

上述的 NTRU 算法还存在若干种变形，主要包括 NTRU1998、NTRU2001、NTRU2005、NTRU2007 等。2008 年，NTRU 密码正式成为 IEEE P1363 标准。

基于格的公钥密码是继 RSA、ECC 之后提出的最有希望用于实际的公钥密码体制，利

用格上的困难问题设计密码体制，近年来取得了不少有影响的成果。除 NTRU 之外，典型的基于格的密码体制还有 Ajtai-Dwork 和 GGH 密码，这些密码体制的安全性基于求最短格向量问题(SVP)和求最近格向量问题(CVP)。大部分的全同态密码体制也都是基于格上困难问题而构造的。已经证明，基于格的密码体制能对抗量子计算攻击，它已经成为后量子密码的主流研究方向。

习 题

1. 在公钥密码体制中，公开密钥和秘密密钥的作用分别是什么？

2. 为得到安全算法，公钥密码体制应该满足哪些要求？

3. 什么是单向函数？什么是陷门？

4. 什么是 NPC 问题？举出三个例子。

5. 相对于传统密码，公钥密码有什么优点？

6. 背包密码中的公开密钥是什么？秘密密钥是什么？

7. 在背包密码体制中，为什么要求 $m \geqslant \sum_{i=1}^{n} a_i$？

8. 设超递增序列为$(2，3，6，13，27)$，用户选择 $p=60，\omega=17$，利用此密码系统对明文(01101)加解密，写出运算过程。

9. 分析背包密码体制的优缺点。

10. 用 RSA 算法对下列数据实现加密和解密。

(1) $p=3，q=11，e=7，M=5$；

(2) $p=5，q=11，e=3，M=9$；

(3) $p=7，q=11，e=17，M=8$；

(4) $p=17，q=31，e=7，M=2$。

11. 设 RSA 密码的加密密钥为 3，模数分别为 12091、14659、15943，请计算各自的解密密钥。

12. 在使用 RSA 密码的公钥体制中，已截获发给某用户的密文 $C=10$，该用户的公钥 $e=5，n=3$，那么明文 M 是多少？

13. 在 RSA 密码中，已知 $e=31，n=3599$，求私钥 d。

14. 在 RSA 密码中，假定某用户的私钥已泄密，此时只产生新的公钥和私钥，而不更新模数 n，这样做是否安全？

15. 考虑以下加密方法：

Ⅰ 选择一个奇数 E；

Ⅱ 选择两个素数 P 和 Q，其中$(P-1)(Q-1)-1$ 是 E 的偶数倍；

Ⅲ 用 P 和 Q 相乘得到 N；

Ⅳ 计算 $D=\dfrac{(P-1)(Q-1)(E-1)+1}{E}$；

Ⅴ 将 E 和 N 公开，D 保密。

这种方法是否与 RSA 等价？请说明原因。

16. Bob 用下述方法对发送给 Alice 的消息进行加密：

Ⅰ Alice 选择两个大素数 P 和 Q；

Ⅱ Alice 公布其公钥 $N=PQ$；

Ⅲ Alice 计算 P' 和 Q'，使得 $PP'\equiv1 \bmod (Q-1)$ 且 $QQ'\equiv1 \bmod (P-1)$；

Ⅳ Bob 计算 $C=M^N \bmod N$；

Ⅴ 求解 $M\equiv C^{P'} \bmod Q$ 和 $M\equiv C^{Q'} \bmod P$，得出 M；

(1) 试说明这种方法的工作原理。

(2) 它与 RSA 有什么不同？

(3) 与这种方法相比，RSA 有哪些优点？

17. 设 $n=pq$，其中 p 和 q 为不同的奇素数，定义 $\lambda(n)=\dfrac{(p-1)(q-1)}{\gcd(p-1,\,q-1)}$，对 RSA 密码作如下修改：$ed\equiv1 \bmod \lambda(n)$。

(1) 证明加密和解密在修改后的算法中仍为逆运算。

(2) 如果 $p=37$，$q=79$，$e=7$，计算在修改后的密码体制中以及原来的 RSA 体制中 d 的值。

18. 如果 $E_k(m)=m$，则明文 m 称为不动点。证明在 RSA 体制中，不动点的个数等于 $\gcd(e-1,\,p-1) * \gcd(e-1,\,q-1)$。

19. 在 RSA 密码体制中，$n=36581$，用户 Bob 的公开密钥为 $e=4679$，假定 Bob 由于粗心泄露了私钥 $d=14039$，试利用这些信息分解 n，写出计算过程。

在 RSA 密码中：

(1) 假设 $n=pq$，且 $q-p=2d$，证明 $n+d^2$ 是一个完全平方数。

(2) 给定一个整数 n，是两个奇素数的乘积，且给定一个小的正整数 d 使得 $n+d^2$ 是一个完全平方数，设计一个算法，利用这些信息来分解 n。

(3) 使用这个技巧来分解整数 $n=2\ 189\ 284\ 635\ 403\ 183$。

20. 什么是椭圆曲线？什么是椭圆曲线的零点？

21. 椭圆曲线上同在一直线上的三个点的和是什么？

22. 根据实数域上椭圆曲线中的运算规则，计算点 Q 的两倍时，画一条切线并找出其与曲线的另一交点 S，则 $Q+Q=2Q=-S$。若该切线不是垂直的，则恰好只有一个交点，但若切线是垂直的，那么此时 $2Q$ 的值是多少？$3Q$ 的值是多少？

23. 什么是椭圆曲线上的离散对数问题？

24. 椭圆曲线公钥密码体制有哪些优点？

25. 考虑由 $y^2=x^3+x+6$ 定义的曲线，其模数 $p=11$，确定 $E_{11}(1,6)$ 上所有的点。

26. 设实数域上的椭圆曲线为 $y^2=x^3-36x$，令 $P=(-3.5,9.5)$，$Q=(-2.5,8.5)$，计算 $P+Q$ 和 $2P$。

27. 设椭圆曲线密码体制的参数是 $E_{11}(1,6)$ 和 $G=(2,7)$，B 的私钥 $n_B=7$。

(1) 找出 B 的公钥 P_B；

(2) A 要加密消息 $P_m=(10,9)$，其选择的随机值 $k=3$，试确定密文 C_m；

(3) 试给出 B 由 C_m 恢复 P_m 的计算过程。

28. 对于 ElGamal 密码算法，给定公开信息 $p=103$，$g=2$，$y=58$，请使用 $r=31$ 作

为辅助随机数，对消息"87"进行加密。

29. 对于 ElGamal 密码算法，给定公开信息 $p=103$，$g=2$，$y=58$，使用私钥 $x=47$，对密文"79"进行解密。

30. 验证 $c=58$ 以 $b=2$ 为底、模 $p=103$ 的离散对数 $l=47$。

31. 设 $p=73$，$q=31$，用 Rabin 密码对消息 $m=15$ 加密并解密。

第 6 章　数　字　签　名

6.1　数字签名概述

长期以来，在政治、军事、外交等活动中签署文件，商业活动中签订契约、合同，以及日常生活中写信等，都采用手写签名或盖印章的方式来起到认证和鉴别的作用，就是用这种简单的方式解决了许多复杂的问题。如今，信息往往以电子化的形式进行存储和传输，需要使用数字签名技术对信息进行认证，通过数字签名能够达到与手写签名相同的效果。数字签名由公钥密码发展而来，它在网络安全，包括身份认证、数据完整性、不可否认性及匿名性等方面有着重要的应用。

6.1.1　数字签名的基本概念

数字签名是一种以电子形式给一个消息签名的方法，只有信息发送方才能进行签名。数字签名在密码学的不同场合中有多种含义，可表示一种密码体制（Digital Signature），也可表示一种密码操作（Sign），还可表示签名操作所生成的数据（Signature）。数字签名类似于手写签名，能起到认证、核准、生效的作用。

传统的手写签名之所以能让人们信任，是因为一个签名可达到以下要求：

（1）签名不可伪造。因为签名中包含了签名者个人所特有的一些信息，如写字习惯、运笔方法等，都是别人很难仿造的。

（2）签名不可重用。一个签名只能对一份文件起作用，不可能移到别的不同的文件上。

（3）签名后的文件内容不可改变。在文件签名后，文件的内容就不能再变。

（4）签名不可抵赖。签名和文件都是物理的实体，签名者不能在签名后还声称他没签过名。

数字签名要能起到认证和识别的目的，至少要达到以下要求：

（1）不可否认性。签名者事后不能否认自己的签名。

（2）可验证性。接收者能验证签名，而任何其他人都不能伪造签名。

（3）可仲裁性。当数字签名的双方发生争执时，可以由一个公正的第三方出面解决争端。

数字签名作为电子形式的签名，它是如何实现的呢？具体来说，数字签名是签名者使用私钥对消息进行密码运算，得到一个结果，并且该结果只能用签名者的公钥进行验证，用于确认待签名数据的完整性、签名者身份的真实性和签名者行为的抗抵赖性。数字签名的实质是一种密码变换，它和普通意义上的手写签名有很大差别，主要表现在以下几个方面：

（1）签名的对象不同。手写签名的对象是纸张文件，内容是可见的；而数字签名的对象是数字信息，内容并不可见。

（2）实现的方法不同。手写签名是把一串文字符号加到文件上，签名和文件已经是一个不可分割的整体；数字签名是对数字消息作某种运算，得到的签名和原来的消息是分离的两组数值。

（3）验证方式不同。手写签名是通过和一个已经存在的签名相比较来验证的，这种方法并不十分安全，伪造成功的可能性很大；数字签名是通过一个公开的验证算法来验证的，这样任何人都能验证数字签名，而安全的签名方案又能防止其他人伪造。

6.1.2　数字签名的应用

数字签名出现以后就在各个领域内被广泛应用。最早的应用之一是对禁止核试验签约的验证。美国和苏联可以各自在对方的地下放置一台地震监测仪，通过监测地震信息来监测对方的核试验。这样两国相互之间是监测与被监测的关系。但是这样做仍存在两方面的问题：① 被监测国有可能会窜改监测仪传出的数据，这使得监测国很不放心；② 监测国有可能在监测地震信息的同时窃取其他信息，而被监测国则想看到监测仪传出的数据。这样导致双方互不信任。使用数字签名就解决了这两方面的问题，可以在监测仪中安装一个秘密的签名装置，对要发送的数据签名，监测国收到信息后验证签名，被监测国能够读取数据，而任何窜改行为都能被验证出来。

数字签名最广泛的应用是在网络安全中的身份认证和消息认证。网络用户所进行的都是远程的活动，用户的身份是否真实就显得十分重要，而且很难判断。假冒身份是现在黑客攻击使用最多的一种手段，采用一个完备的身份认证系统，在用户登录时要求他出示签名，验证正确后才能允许他的请求，就能防止这类攻击。另外数据在传输过程中，可能会出现错误、丢失，更重要的是攻击者可能会删改数据的内容，如何来判断所收到的消息是不是正确的呢？通过一个消息认证系统，发送者在发送消息的同时附上他的签名，接收者验证，就能及时检查出错误的消息，保证消息的完整性和正确性。

数字签名为网上的各种行为提供了安全保障。在金融领域，每一笔转账或交易信息都要经过银行的数字签名，微信和支付宝支付也都使用了数字签名。另外，电子出版物版权问题、电子商务中客户账号识别问题、电子投票中选民身份确认问题都同样用到了数字签名。

6.1.3　数字签名的分类

数字签名的分类方法很多，以下是几种常用的分类。

1. 基于数学难题的分类

根据数字签名算法所基于的数学难题，数字签名算法大致可分为基于离散对数问题的签名算法和基于大整数分解问题的签名算法。比如 ElGamal 算法和 DSA（Digital Signature Algorithm）都是基于离散对数问题的数字签名算法，而众所周知的 RSA 数字签名算法则是基于大整数分解问题的数字签名算法。我国自主研发的国密算法中有两种数字签名算法，即 SM2 和 SM9，它们都是基于椭圆曲线离散对数困难问题的算法。将离散对数问题和大整数分解问题结合起来,又可以产生同时基于两种困难问题的混合数字签名算法,也就是说,只有这两种困难问题同时可解时,这种数字签名算法才是不安全的。二次剩余问题既可以认为是数学中单独的一个难题,也可以认为是大整数分解问题的特殊情况,而基于二次剩余问题同样可以设计多种数字签名算法,如 Rabin 算法等。近些年来,基于格上困难问题设计的数字签名算法也迅速发展,如 NTRUSign 算法等。

2. 基于签名用户的分类

根据签名用户的情况,可将数字签名算法分为单个用户的数字签名算法和多个用户的数字签名算法。一般的数字签名是单个用户签名算法,而多个用户的签名算法又称多重数字签名算法。根据签名过程的不同,多重数字签名算法又可分为有序多重数字签名算法和广播多重数字签名算法。

3. 基于数字签名所具有特性的分类

根据数字签名算法是否具有消息自动恢复特性,可将数字签名算法分为不具有消息自动恢复特性的签名算法和具有消息自动恢复特性的签名算法。一般的数字签名不具有消息自动恢复特性。

4. 其他分类

按签名方式可分为:直接数字签名(Direct Digital Signature)和仲裁数字签名(Arbitrated Digital Signature);按安全性可分为:无条件安全的数字签名和计算上安全的数字签名;按可签名次数分为:一次性的数字签名和多次性的数字签名。另外,根据不同的用途还可分为普通数字签名、盲签名、群签名、门限签名、环签名、代理签名等。

6.1.4 数字签名的原理

1. 数字签名的要素

一个数字签名系统由签名者、验证者、密钥、算法等几个要素组成。

(1)数字签名系统中的参与者是签名者和验证者。签名者通常是一个人,在群体密码学中签名者可以是多个人员组成的一个群体。验证者可以是多个人,只有在一些特殊签名方案中验证者才是特定的一个人。签名者出示自己的签名,以证明自己的身份或让验证者确认所发送消息的完整性。验证者验证签名,以此来确认签名者的身份或判断消息是否完整。我们在这里用 A 来表示签名者,用 B 来表示验证者。

(2)签名者的密钥为私钥 sK 和公钥 pK 两部分。私钥 sK 保密,是签名者自己保存、单独使用的签名密钥;公钥 pK 公开,是所有验证者都能使用的验证密钥。它们和公钥密码的公钥和私钥是相同的。

(3)数字签名的算法由两部分组成:签名算法 $S(\cdot)$ 和验证算法 $V(\cdot,\cdot)$。一般情况下,签名算法可以根据情况选择公开或者不公开,而验证算法是公开的。对于每一个验证算法 $V(\cdot,\cdot)$,存在着一个计算上简单可行的签名算法 $S(\cdot)$。这两个算法不同于加密系统中的加密算法和解密算法,并不要求是互逆的。

2. 数字签名的过程

数字签名一般包括两个过程:签名产生过程和签名验证过程。

（1）在系统的初始化过程中产生的数字签名方案所用到的一切参数，有公开的，也有秘密的。在签名产生的过程中，签名者在自己的私钥控制下完成签名 $S_{sK}(M)$，因为私钥和签名算法是对外保密的，所以只有合法签名者才能完成他自己的签名。

（2）在签名验证过程中，验证者利用公开验证方法对给定消息的签名进行验证，得出签名的有效性，即利用签名者的公钥 pK 完成签名验证 $V_{pK}(S, M)$，因为公钥和验证算法者是公开的，所以任何收到签名的人都可以验证。

3. 数字签名协议

数字签名协议的原理如图 6-1 所示。

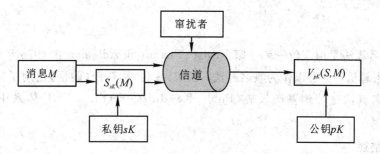

图 6-1　数字签名协议的原理

数字签名和加密是不同层次的过程。数字签名不要求保密性，其算法是一个单向函数，并不要求从签名还原出原来的消息。

假设数字签名系统中，签名者为 Alice，验证者为 Bob，基本协议如下：

（1）Alice 用她的私钥对文件签名；

（2）Alice 将文件和签名传给 Bob。

（3）Bob 用 Alice 的公钥验证签名。

在实际过程中，这种做法的效率太低，数字签名协议常常与散列函数一起使用。Alice 并不对整个文件签名，而是只对文件的散列值签名。在下面的协议中，散列函数和数字签名算法是事先协商好的：

（1）Alice 产生文件的消息摘要；

（2）Alice 用她的私钥对消息摘要签名；

（3）Alice 将文件和签名送给 Bob；

（4）Bob 对 Alice 发送的文件计算产生消息摘要，用 Alice 的公钥来验证签名，如果消息摘要和签名匹配，则签名有效。

6.2　标准化的数字签名算法

数字签名的应用非常广泛，特别是随着通信技术、网络技术及其应用的发展，数字签名成为实现安全通信和服务中必不可少的安全组件，因而数字签名算法的标准化成为工业化应用中的重要问题。当前，RSA、DSA 和 ECDSA（椭圆曲线数字签名算法）是国际上使用最为广泛的标准签名算法。

SM2 椭圆曲线数字签名算法和 SM9 标识数字签名算法是我国国家密码管理局发布的数字签名标准，主要适用于商用密码应用中的数字签名和验证，可满足多种密码应用中的身份认证和数据完整性、真实性的安全需求。2017 年，这两个数字签名算法在第 55 次 ISO/IEC(国际标准化组织/国际电工委员会)信息安全技术分委员会会议上被通过为国际标准，成为 ISO/IEC 14888 - 3/AMD1 标准的主体部分。我国商用密码首次正式进入 ISO/IEC标准，标志着我国商用密码走向国际标准化。

本节将介绍 RSA、DSA、ECDSA 和 SM2 四种数字签名算法。

6.2.1　RSA 签名算法

1. 简介

RSA 签名算法是由三位密码学家 Revist、Shamir 和 Adleman 在 1978 年设计的，它既可以作为加密算法，也可以作为签名算法，加密(签名)和解密(验证)使用了完全相同的操作。RSA 签名算法是公钥基础设施(Public-Key Infrastructure，PKI)体系中的重要算法之一。

2. 算法描述

RSA 签名算法由系统的初始化、签名产生、签名验证三个过程组成，其中系统初始化过程产生的参数与 RSA 加密算法完全相同。

1) 系统的初始化过程

系统的初始化过程具体包括以下几步：

(1) 随机生成两个大素数 p 和 q，要求大小大致相当。

(2) 计算 $n=pq$ 及其欧拉函数 $\phi(n)=(p-1)(q-1)$。

(3) 选择一个随机整数 e，$1<e<\phi(n)$，要求 $\gcd(e, \phi(n))=1$。

(4) 计算整数 d，$1<d<\phi(n)$，要求 $ed\equiv 1 \bmod \phi(n)$。

用户 Alice 的公钥即为 $(n; e)$，私钥为 d。

2) 签名产生过程

签名者 Alice 对消息 m 签名，完成如下操作：

(1) 对原始消息进行适当变换，使得 $m\in[0, n-1]$。

(2) 计算 $s=m^d \bmod n$。

(3) 输出 s，作为 Alice 对消息 m 的签名。

3) 验证算法

为验证 Alice 的签名，并恢复出消息 m，验证者 Bob 完成如下操作：

(1) 获得 Alice 的公钥 (n, e)。

(2) 计算 $m'=s^e \bmod n$。

(3) 验证 m 与 m' 是否相同，如果不同，则认为签名是错误的。

3. 安全性及相关问题

众所周知，RSA 的安全性基于大数分解问题的困难性。很显然，如果大合数 n 能够被成功分解，则 RSA 就被攻破，但攻破 RSA 的难度是否等价于分解 n 的难度呢？

定义 6 - 1 RSA 问题（RSA Problem，RSAP）给定由两个奇素数 p 和 q 相乘产生的正整数 n，一个正整数 e，满足 $\gcd(e,(p-1)(q-1))=1$，以及一个正整数 c，如何计算出一个正整数 m，使得 $m^e \equiv c \pmod{n}$。

RSA 问题的实质是求解整数模 n 的 e 次根。RSA 问题并不比大整数分解问题困难，但是如果选择合适的 n，RSA 问题仍然是一个困难问题。关于 RSA 签名算法的安全性问题，是密码学中一个长期研究的焦点。

尽管 RSA 签名算法是目前应用比较广泛的一种数字签名算法，但是不难发现，RSA 签名算法存在以下缺陷：

(1) 因为对任意的 $y \in [0, n-1]$，任何人都可以计算 $x = y^e \bmod n$，所以任何人都可以伪造对签名消息 x 的签名值 y。

(2) 若消息 x_1 和 x_2 的签名分别是 y_1 和 y_2，由于 $\mathrm{sig}_k(x_1 x_2) = \mathrm{sig}_k(x_1)\mathrm{sig}_k(x_2)$，则任何人只要知道 x_1、y_1、x_2、y_2 就可以伪造对消息 $x_1 x_2$ 的签名 $y_1 y_2$。

(3) 因为要签名的消息 $m \in [0, n-1]$，所以每次只能对 $\lfloor \mathrm{lb} n \rfloor$ 比特长的消息签名。在实际应用中，要签名的消息都比较长，因此，在使用 RSA 签名算法时，只能对消息先进行分组，然后对每组的消息分别进行签名，这样使得签名值变长，签名速度变慢。

6.2.2 DSA 签名算法

1. 简介

1991 年美国国家标准与技术研究院（NIST）将数字签名算法（DSA）作为其数字签名标准（Digital Signature Standard，DSS），该方案是特别为签名的目的而设计的。

在 NIST 的 DSS 标准中，使用了散列函数 SHA - 1。对于任意长度小于 2^{64} 比特的输入消息，SHA - 1 都能产生 160 比特的输出作为消息摘要，产生的消息摘要又可以作为 DSA 的输入，用于产生消息的签名或者验证签名。因为消息摘要一般要比原始明文短得多，所以对消息摘要进行签名能够提高效率。当然，在验证签名时必须使用和产生签名时相同的散列函数。

2. 算法描述

1）系统的初始化过程

p 为素数，其中 $2^{L-1} < p < 2^L$，$512 < L < 1024$，且 L 为 64 的倍数，即比特长度在 512 到 1024 之间，长度增量为 64 比特。$q \mid (p-1)$，其中 $2^{159} < q < 2^{160}$，$g = h^{(p-1)/q} \bmod p$，h 是一个整数，$1 < h < (p-1)$。用户私钥 x 为随机或伪随机整数，其中 $0 < x < q$，公钥为 $y = g^x \bmod p$。

2）签名产生过程

签名者 Alice 对消息 m 签名，完成如下操作：

(1) 选取一个随机整数 $k(1 \leqslant k \leqslant p-2)$，$k$ 与 $p-1$ 互素，选取哈希（Hash）函数。

(2) 计算 $r = (g^k \bmod p) \bmod q$，$s = k^{-1}(\mathrm{Hash}(m) + xr) \bmod q$，其中 $kk^{-1} \bmod q \equiv 1$，(r, s) 为对消息 m 的数字签名。

3）签名验证过程

为验证 Alice 的签名，验证者 Bob 完成如下操作：

（1）计算 $w = s^{-1} \bmod q$。

（2）计算 $u_1 = \text{Hash}(m)w \bmod q$，$u_2 = rw \bmod q$，$v = [(g^{u_1} y^{u_2}) \bmod p] \bmod q$，检验 $v = r$ 是否成立。

3. 相关问题

DSA 是 ElGamal 数字签名算法的变形，也是离散对数型数字签名算法中最为著名的一个。

在 DSA 被采纳作为美国国家标准之后，对它仍存在许多的批评。其中包括 DSA 的签名速度要比验证速度快得多，这样导致算法不是很实用。具体的原因是：尽管消息只被签名一次，但要在相当长的时间内验证多次，而且签名往往是在计算能力比较强的环境中完成的，而验证却是在计算能力相当弱的终端上进行的，如 RFID 卡等。针对这一问题，出现了很多对 DSA 的改进，其中有不少就是将大规模的计算部件从验证算法移到签名算法中，将验证算法变成一个轻量级的计算，从而使验证签名的过程更快。

DSA 在发布之初将模数的规模规定为 512 位，这同样受到很多人的批评。原因是 512 位在当时是安全的，但以后并不见得安全。后来 NIST 对其进行了修订，使模数的大小可以调整，但必须是 64 位的整数倍。

6.2.3 ECDSA 签名算法

1. 简介

ECDSA（Elliptic Curve Digital Signature Algorithm）即椭圆曲线数字签名算法，是在 1992 年由 Scott Vanstone 提交给 NIST 的数字签名标准候选算法。该算法借鉴了 DSA 的设计思想，但由于椭圆曲线离散对数问题（Elliptic Curve Discrete Logarithm Problem，ECDLP）本身的优势，所以 ECDSA 与 DSA 相比较具有更高的安全性。ECDSA 作为椭圆曲线数字签名算法，已被众多的标准化组织采纳：1998 年被 ISO 采纳作为 ISO 14888 - 3 标准；1999 年被 ANSI 作为 ANSI X9.62 标准；2000 年被 IEEE 作为 IEEE1363—2000 和 FIPS 186 - 2 标准。ECDSA 还是区块链系统中使用的主要签名算法。下面按照 SEC1 标准对 ECDSA 算法进行介绍。

2. 算法描述

1）椭圆曲线相关参数说明

设有限域 F_p 上椭圆曲线 $E(F_p)$ 的域参数为

$$T = (p, a, b, G, n, h)$$

其中，$a, b \in F_p$ 满足方程 $y^2 \equiv x^3 + ax + b \pmod{p}$，$G = (x_G, y_G)$ 为曲线上的基点，基点 G 的阶 n 为素数，$h = \#E(F_p)/n$。O 为无穷远点（有理点 Abel 群的 0 元），$nG = O$，$\#E(F_p)$ 为曲线的阶（曲线上有理点的个数）。

2）系统的初始化过程

设 A 为签名方，B 为验证方。

(1) A 建立椭圆曲线域参数 $T = (p, a, b, G, n, h)$，选择适当的安全强度。

(2) A 建立自己的密钥对 (d_A, Q_A)，$Q_A = d_A G$。

(3) A 选择一个哈希函数。

(4) A 通过可靠的方式将所选择的哈希函数和椭圆曲线域参数 T 传递给 B。

3）签名产生过程

(1) 选择临时密钥对 (k, R)，其中 $R = kG = (x_R, y_R)$ 与域参数 T 相关。

(2) 令 $r = x_R \bmod n$，如果 $r = 0$，则返回步骤 (1)。

(3) 计算待签消息的散列值 $h = \text{Hash}(m)$，将 h 转换成整数 e。

(4) 计算 $s = k^{-1}(e + rd_A) \bmod n$，如果 $s = 0$，则返回步骤 (1)。

(5) 输出 $S = (r, s)$ 为数字签名。

4）签名验证过程

验证方 B 验证从签名方 A 发来的数字签名是否正确，从而判断接收到的消息是否真实，或者对方是否为真实的实体。

(1) 如果 $r, s \notin [1, n-1]$，则验证失败，S 为无效签名。

(2) 计算待签名消息的散列值 $h = \text{Hash}(m)$，将 h 转换成整数 e。

(3) 计算 $u_1 = es^{-1} \bmod n$，$u_2 = rs^{-1} \bmod n$。

(4) 计算 $R = (x_R, y_R) = u_1 G + u_2 Q_A$，如果 $R = O$，则验证失败。

(5) 令 $v = x_R \bmod n$，如果 $v = r$，则验证成功，否则验证失败。

3. ECDSA 的安全性

ECDSA 最重要的安全性是不可伪造性，伪造者可以是除签名者本人以外的任何人。攻击者要伪造签名，必须确定一对 (r, s)，使得验证方程 $R = (x_R, y_R) = u_1 G + u_2 Q_A = es^{-1} G + rs^{-1} Q_A$ 成立。如果攻击者先确定一个 r，则 R 相应地也被确定，验证方程可变形为 $sR = eG + rQ_A$，要求解 s 属于典型的 ECDLP。

尽管在合理选择参数的前提下，ECDSA 的理论模型是坚固的，但是仍然面临着可能的攻击，包括：对 ECDLP 的攻击，对 Hash 函数的攻击以及其他攻击。

例如：J. Stern、D. Pointcheval、J. Malone-Lee 等发现 ECDSA 签名能产生副本签名 (Duplicate Signature)，因此 ECDSA 还面临着签名者否认签名的威胁。由于椭圆曲线两个对称点的 x 坐标相同：$R = (x_R, y_R)$，$-R = (x_R, -y_R)$，因此，ECDSA 中映射 $f: R \rightarrow r$ 不是一一映射，对三元组 (m_1, R, s) 和 $(m_2, -R, s)$ 能够得到相同的签名文本 (r, s)。因为 (m_1, r, s) 和 (m_2, r, s) 都能通过验证，所以签名者可以用 (m_2, r, s) 否认 (m_1, r, s)。

令 m_1、m_2 是两则不同的消息，$e_1 = \text{Hash}(m_1)$，$e_2 = \text{Hash}(m_2)$。

(r_1, s_1) 为对 m_1 的签名，有 $s_1 = k^{-1}(e_1 + r_1 d_A) \bmod n$；

(r_2, s_2) 为对 m_2 的签名，有 $s_2 = k^{-1}(e_2 + r_2 d_A) \bmod n$。

令 $r_1 = r_2 = r$，$e_2 = -e_1 - 2rd_A$，就有 $s_2 = s_1$。对消息 m_2 产生的签名称为副本签名。

$e_2 = \text{Hash}(m_2)$ 是单向函数，签名者无法对消息 m_1 计算出合适的 m_2，但如果签名者能够控制密钥生成过程，则他可以通过生成密钥来产生副本签名：当签名者对给定消息 m_1 签名时，他可以随机选择一个副本消息 m_2，计算签名私钥 $d_A = -(e_2 + e_1)/2r \bmod n$，相

应的公钥为 $Q_A = d_A G$。

关于 ECDSA 的安全性的严格证明其实是很困难的，目前已经取得的结果也不是最后的结论，预期在将来会有所进展。

6.2.4 SM2 数字签名算法

1. 简介

SM2 数字签名算法是一种基于椭圆曲线的签名算法，主要适用于商用密码应用中的数字签名和验证，可满足多种密码应用中的身份认证和数据完整性、真实性的安全需求，其安全性基于 ECDLP 的难解性。

在 SM2 数字签名算法中，每个签名者都有一对密钥：公钥和私钥。其中私钥用于产生签名，验证者用签名者的公钥验证签名。作为签名者的用户 A 具有长度为 entlenA 比特的可辨别标识 ID_A，记 $ENTL_A$ 是由整数 entlenA 转换而成的两个字节。在 SM2 数字签名算法中，签名者和验证者都需要用密码杂凑函数求得用户 A 的杂凑值 Z_A，即

$$Z_A = H_{256}(ENTL_A \parallel ID_A \parallel a \parallel b \parallel x_G \parallel y_G \parallel x_A \parallel y_A)$$

其中，a、b 为椭圆曲线方程参数，x_G、y_G 为基点 G 的坐标，x_A、y_A 为公钥 P_A 的坐标。

2. 算法描述

1）系统的初始化过程

设 A 为签名方，B 为验证方。

（1）A 建立椭圆曲线域参数 $T = (p, a, b, G, n)$，选择适当的安全强度。

（2）A 建立自己的密钥对 (d_A, P_A)，$P_A = d_A G$，其中 $d_A \in [1, n-2]$，d_A 为私钥，P_A 为公钥。

（3）A 选择一个哈希函数。

（4）A 通过可靠的方式将所选择的哈希函数和椭圆曲线域参数 T 传递给 B。

2）签名产生过程

（1）签名者 A 对 Z_A 和待签名消息 M 进行级联得到 $\bar{M}$，即 $\bar{M} = Z_A \parallel M$。

（2）签名者 A 计算 $\bar{M}$ 的哈希值，$e = \text{Hash}(\bar{M})$。

（3）签名者 A 选择随机数 $k \in [1, n-1]$，计算 $kG = (x_1, y_1)$。

（4）签名者 A 计算 $r = (e + x_1) \bmod n$。

（5）签名者 A 利用私钥 d_A 计算 $s = ((1 + d_A)^{-1}(k - rd_A)) \bmod n$。

（6）输出 $S = (r, s)$ 为消息 M 的数字签名。

3）签名验证过程

（1）验证者 B 对 Z_A 和待验证消息 M' 进行级联得到 $\bar{M}'$，即 $\bar{M}' = Z_A \parallel M'$。

（2）验证者 B 计算 $\bar{M}'$ 的哈希值，$e' = \text{Hash}(\bar{M}')$。

（3）验证者 B 利用收到的签名值 (r, s) 和 A 的公钥计算 $(x_1, y_1) = sG + tP_A$，其中 $t = (r + s) \bmod n$。

（4）验证者 B 计算 $R = (e' + x_1) \bmod n$。

(5) 验证者 B 验证 $R=r$ 是否成立，若成立，则签名有效，否则，签名无效。

3. 正确性证明及安全性分析

SM2 数字签名算法的正确性证明如下：

因为 $P_A=d_A G$，所以有

$$sG+tP=((1+d_A)^{-1}(k-rd_A))G+rP_A+sP_A$$

$$=\frac{kG-rd_A G}{1+d_A}+\frac{rP_A(1+d_A)}{1+d_A}+\frac{(k-rd_A)P_A}{1+d_A}$$

$$=\frac{kG+kP_A}{1+d_A}$$

$$=kG$$

$$=(x_1,y_1)$$

从而 $R=(e'+x_1)\bmod n=r$。

SM2 签名算法的安全性基础是椭圆曲线上的离散对数问题，与 RSA 签名算法相比，具有抗攻击性强、CPU 占用少、网络消耗低、加密速度快等特点。

首先，SM2 签名算法的单位安全强度远高于 RSA 签名算法，可以用较少的计算能力提供更高的安全强度。从算法的数学基础上来看，采用 256 位密钥长度的基于 ECC 的 SM2 签名算法，其安全强度等同于 3072 位基于大整数分解的 RSA 签名算法。其次，更长的密钥意味更大的性能开销，因此 SM2 签名算法能够在保证安全性的前提下，通过处理较少的数据来提升速度。另外，SM2 签名算法采用将签名者 ID、公钥、源信息一起进行哈希运算，从而在哈希算法安全的前提下，可以有效抵抗密钥替换攻击，即当攻击者拥有签名者的公钥和消息、签名对时，试图生成另一个公钥以成功验证消息的签名，这是无法实现的。

6.3　盲 签 名

6.3.1　盲签名的原理

一般的数字签名中，签名者知道所签消息的内容，而盲签名是一类特殊的数字签名，用户 A 发送消息 m 给签名者 B，要求 B 对消息签名，又不让 B 知道消息的内容，即签名者 B 所签的消息是经过加密盲化的，由签名者 B 的公钥和盲签名可以验证签名的正确性。盲签名是由 D.Chaum 最先提出的，在电子投票和数字货币协议中有广泛的应用。盲签名具有以下两个特征：

(1) 消息的内容对签名者保密。

(2) 签名者后来看到签名时不能与盲消息对应起来。

用户可以用盲签名 $S(M')$ 来检验签名者的身份，任何第三者都可以验证。如：签名者为网络服务中心，用户可以用该中心的盲签名来向第三者证明他得到了网络服务中心的许可。

通过使用盲签名技术，用户可以让签名者签任何他想要的消息，包括对签名者不利的和带有欺骗性的消息。采用分割-选择技术，可使签名者知道他所签的消息，但仍可保留盲签名的有用特征。盲签名的原理如图 6-2 所示。

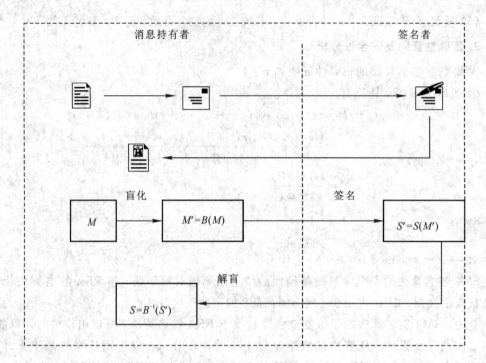

图 6-2 盲签名的原理示意图

1. 盲签名协议

设签名者的私钥为 k，公钥为 P，待签名的消息为 M，盲化因子为 t，盲化函数为 $B(\cdot, \cdot)$，签名函数为 $S(\cdot)$，解盲函数为 $B^{-1}(\cdot, \cdot)$，验证函数为 $V(\cdot, \cdot)$，双方执行如下协议：

(1) 发送方将消息盲化，得到盲消息 $M' = B(M, t)$，发送 M' 给签名者；

(2) 签名者对盲消息 M' 签名，得到盲签名 $S' = S(M', k)$，发送 S' 给发送方；

(3) 发送方对盲签名解盲，得到对原始消息的签名 $S = B^{-1}(S', t)$；

(4) 通过 $V(M, S, P)$ 验证所得到的签名是否正确。

在第(4)步中，任何人都可以验证签名是否正确。消息发送方可以验证所得到的是不是来自签名方的正确签名，其他人也可以验证消息发送方所持有的签名是否来自真实的签名者。

2. 部分盲签名

部分盲签名是指待签名的消息是由消息的发送方和签名方共同生成的。签名方在签名之前可以在得到的消息中加入自己的信息，对新的待签名消息进行盲签名，而发送方即使在解盲后也无法知道签名方加入的内容。

部分盲签名应用在电子现金协议中，可以提高其有效性和实用性。签名方在待签名的数字现金或支票中加入自己的身份信息，可以解决应用中的某些问题，并且在发生争议时能够有效地进行仲裁。

6.3.2　盲签名算法

盲签名算法的关键是要设计出具体的盲化函数，该函数必须是可逆的，且对于某一种特定运算满足交换律，满足这些要求的函数很多，如指数函数。D.Chaum 提出了第一个盲签名算法，该算法基于 RSA 密码体制，其参数设定同 RSA 密码体制。

1. 基于 RSA 的盲签名算法

消息盲化：$M' \equiv Mt^e \bmod n$

盲签名：$S' \equiv (M')^d \bmod n \equiv tM^d \bmod n$

解盲：$S = S'/t \equiv M^d \bmod n$

基于 RAS 的盲签名算法步骤简明，需要的数据个数少，但为保持安全性，将引入庞大的数据计算，在实际应用中，这需要大量的时间开销和空间开销。该算法的安全性基于 RSA 密码体制的安全性，密钥长度通常需要 2048 比特。除了以上盲签名算法外，目前已提出多种盲签名算法，主要基于离散对数、二次剩余、椭圆曲线离散对数等公钥密码常用的复杂性问题。

2. 基于椭圆曲线的盲签名算法

对于有限域 F_p 上的椭圆曲线 E：$y^2 = x^3 + ax + b (a, b \in F_p, 4a^3 + 27b^2 \neq 0)$，$P \in E(F_p)$ 是一个公开基点，$l = \mathrm{ord}(P)$ 是公共基点的阶。

1）盲化过程

选择随机数 $r \in \{1, \cdots, l-1\}$，对待签消息 m 编码得点 $P(m) = (m_x, m_y) \in E(F_p)$，输出盲消息 $b(r, m) = rm_y \bmod l$。

在已知盲因子 r 的情况下，可以由盲消息 $b(r, m)$ 恢复出 $P(m)$，解码得到 m。

2）密钥生成

签名者选择整数 s 为其私钥，计算 $P_A = sP$ 作为公钥。

3）签名生成

(1) 用户 A 选择随机数 $r \in \{1, \cdots, l-1\}$ 作为盲因子，将消息 m 盲化。

① 计算：r^{-1}，$rr^{-1} = 1 \bmod l$，$m' = b(r, m)$，$R'' = r^{-1}P$。

② 将 m'、R' 发送给 B。

(2) 签名者 B 选择随机数 $k \in \{1, \cdots, l-1\}$，计算 $R = kR' = (r_x, r_y)$，其中 $r_x = x(R)$，$r_y = y(R)$。

① 计算：$e' = r_x m'$，$y' = k + se' \bmod l$；　　　　　　　　　　　　　　　　(1)

② 将 (e', y') 发送给 A。

(3) A 计算 $y = r^{-1}y' \bmod l$，$e = r^{-1}e' \bmod l$。

(4) 输出签名 (y, e)。

4）签名验证

计算 $R' = yP - eP_A = (r'_x, r'_y)$，检验 $e \equiv r'_x m_y \bmod l$ 是否成立。

对于未知的 r，签名者不能由盲消息恢复出明消息。若由 $b(r, m) = rm_y$ 恢复 m，则必须先确定 r，而由 $R'' = r^{-1}P$ 推导 r 是 ECDLP，但如果 r 已知，则可很容易地恢复出 m，这样就能很方便地采用分割-选择技术。签名者也不能将签名和盲消息联系起来。由 $y=r^{-1}y'$，$e=r^{-1}e'$，签名者确定 r^{-1} 的概率只有 $\dfrac{1}{l-1}$，故签名对于签名者是盲的。

验证时，先确定 y、再确定 e，与先确定 e、再确定 y，都是 ECDLP。在式(1)中，k 和 s 均未知。所以攻击者要伪造一对签名 (y,e)，使等式成立几乎不可能。用户 A 已得到一个对合法消息 m 的签名，用非法消息 m_0 代替 $m(m\neq m_0)$，要使 $e_0=e$，则 $r_{x0}\neq r_x$，不能使验证等式成立，故攻击不能成功。

6.3.3　盲签名的主要应用——匿名电子投票

电子投票和普通投票基本相同，唯一的不同之处在于投票者无须亲自到投票处投票，而只是在家中，利用网络将选票发送到集中的投票地址，以便于统一计票。由于网络是一种没有安全属性的媒体，所以电子投票协议既要保证信息传递的安全性，又要保护选民的合法权益。一般的匿名投票须满足以下的安全特性：

（1）只有合法者才能投票。

（2）一人一票。

（3）除了投票者本身之外，没有其他任何人可以知道个人选票的内容（亦即匿名选举）。

（4）无法由开出选票上的记号追踪到投票人。

（5）每位投票者能验证，所投的选票被正确地计算在最后的结果之内。

为了满足上述特性（1）和（2），在一般选举中，都有所谓的选举人登记手续。根据选举人名册，选举人持身份证明文件以领取一张盖上合法戳记的选票。选举人再持合法选票到隐秘的房间圈选，再将之投入统一的票箱，这是匿名投票的手续，满足特性（3）。由于选票的印制及开票的过程都在值得信赖的公证监察人监督之下作业，所以满足特性（4）及（5）。

试想所有投票人若分散各地，无法集中到同一地点登记、投票，此外，公证监察人的做法又行不通时，如何能进行一场公平的选举呢？

David Chaum 在 1981 年提出了解决问题的办法，之后，陆陆续续也有其他的方法提出。在介绍电子投票之前，先谈谈如何利用一般邮政方式举办一场公平的选举。设想所有投票人散居各城市，无法集中在一起投票。假设存在一个选举委员会，由选举委员会公开说明选票的格式，每位投票人再依据该公开格式自行负责印制自己的选票，将印制好的选票装入一个特殊信封内，并将信封口贴上封条，信封上写上该投票人的回邮地址。此特殊信封上某处标示有"选举戳记请盖于此处"的记号。日后一旦盖上选举戳记，由于信封有复印的功能，此戳记也将会出现在选票上。再将这信封装入另外一信封内，外信封上写上选委会的收信地址，寄件人的地址是该投票人。选取委会收到该文件之后，根据选举人的名册，确认此文件来自尚未登记的合法投票人。将内信封取出，依照内信封上标示之处盖上选委会戳记，再将此信封依信封上的回邮地址寄回给投票人。投票人收到盖上戳记的文件后，先检查信封上的封条，以确定信封内的选票并未被他人做上记号，再将选票从信封取出，检查选票上是否有合法戳记。如此，投票人就完成了通信登记步骤。

投票人在合法的选票上自行圈选。在圈选时可以自行做上记号，如使用不同颜色的笔之类，再将此圈选过的选票放入一个信封内，该信封被寄往开票中心的地址。如此即完成了匿名投票步骤。

开票中心在收到选票后，先检查选票上是否有合法戳记，再统计结果。开票中心最后将统计结果与所有选票一同公开陈列。

上面的方法中，选票是由各投票人自行印制的，其目的是防止选委会在每张合法选票上做记号。如此一来，日后从开出的选票上的记号可以追踪到投票人。另外，利用一般邮政系统中只需写上收信人地址的特性，达到匿名投票的目的。

将上述方法转换成电子投票过程，需要设计出对应的通信协议，以满足安全的特性需要。假设选委会依据 RSA 算法，选定 p、q、d 是秘密密钥，而 e 及 n 是公钥。

1. 系统的初始化过程

(1) 选定 p、q 为大素数，计算 $n=pq$。

(2) 选取秘密密钥 d，要求 $\gcd(d, \varphi(n))=1$。

(3) 计算 e，满足 $de=1 \bmod \varphi(n)$。

(4) 将 e、n 作为公钥并予以公开，其他参数均保密。

2. 签名生成过程

(1) 消息持有者选定 M 和随机数 R（盲因子）。计算 $M'=R^e M \bmod n$（盲化），将 M' 发送给签名者。

(2) 签名者计算 $S'=M'^d \bmod n$（盲签名），将 S' 送还给消息持有者。

(3) 消息持有者计算 $S=R^{-1}S' \bmod n=m^d \bmod n$（解盲）。

3. 签名验证过程

判断 S 是否为 M 的数字签名，只需验证 $S^e \bmod n=M$ 是否成立。

凡获得签名者公钥的人均可验证（和普通数字签名相同）。

4. 分析

在上面的盲签名过程中，由于 R 是投票人任选的随机数，所以选举委员会在签名时，并不知道对应的 M。在公布了 M 及 S 之后，签名者也无法建立 (M, S) 与 (M', S') 之间的对应关系。

习　　题

1. 什么是数字签名？数字签名有哪些特征？

2. 数字签名系统由哪些部分组成？

3. 简述盲签名的原理。

3. 用 RSA 签名算法对下列数据签名。

(1) $p=13$，$q=17$，$e=7$，$m=5$；

(2) $p=13$，$q=17$，$e=7$，$m=5$。

4. 在 DSA 中，参数 k 泄露会产生什么后果？

5. 在 ECDSA 中，要求 r 和 s 同时不能为 0，这是为什么？

6. 在 RSA 签名算法中，假设 $N=824737$，公钥 $e=26959$。

(1) 已知消息 m 的签名值是 $s=8798$，求消息 m。

(2) 已知两个有效的消息签名对 $(m, s) = (629489, 445587)$ 与 $(m', s') = (203821, 229149)$，求 $m \times m'$ 的签名。

7. 以下是一种基于离散对数的签名算法，它比 DSA 更简单，需要私钥，但不需要秘密的随机数。

系统参数：选取大素数 q 和模 q 的原根 α，$\alpha < q$；私钥为 X，$X < q$；公钥 $Y = \alpha^X \bmod q$。

签名和验证过程：先计算消息的哈希值 $h = \text{Hash}(m)$，这里要求 $\gcd(h, q-1) = 1$，若 $\gcd(h, q-1)$ 不为 1，则将该哈希值附于消息后再计算 h，继续该过程直到产生的 h 与 $q-1$ 互素，然后计算满足 $Zh \equiv X \bmod (q-1)$ 的 Z，并将 α^Z 作为对该消息的签名。验证签名即验证 $Y \equiv (\alpha^Z)^h \equiv \alpha^X \bmod q$。

(1) 证明该方案能够正确运行。

(2) 给出一种对给定的消息伪造用户签名的简单方法，以证明这种方案是不安全的。

第 7 章　公钥密码的进一步讨论

本章进一步讨论公钥密码在理论和应用中的各种问题。在应用方面,介绍两种典型的攻击,即中间人攻击和中间相遇攻击;在理论方面,介绍近十年来的一些研究前沿,包括公钥密码的可证明安全性、身份加密与属性加密等。

7.1　实际中的攻击

本节介绍两种典型的攻击方法——中间人攻击和中间相遇攻击。

7.1.1　中间人攻击

围棋这种易学难精的游戏对人的智商是一种挑战,要下好围棋并不容易,然而存在一种方法可以让初学者在某些场合,比如 QQ 游戏大厅中,冒充高手。

假设玛丽是一位初学者,她申请了两个 QQ 号,同时登录并进入游戏大厅,找到两位高手:李世石和柯洁。她用身份 1(玛丽 1 号)持白棋与李世石对弈,用身份 2(玛丽 2 号)持黑棋与柯洁对弈。游戏开始了,李世石先下,玛丽记住他下的位置,然后让玛丽 2 号在同样的位置落下黑子,柯洁回应后,玛丽 1 号再在同样的位置落下白子,又轮到李世石,他的走法被玛丽 2 号复制,柯洁的回应则被玛丽 1 号复制,这样继续下去……于是,玛丽成功地与两位高手同时对弈,虽然她甚至都看不懂棋局,但这并不妨碍她至少战胜一位世界一流高手,或者与世界一流高手下成平局。

这种方法就是"中间人攻击",棋局上有中间人,密码协议在运行过程中,也会出现中间人。在游戏的启发下,人们设计了针对 Deffie-Hellman 密钥交换协议的中间人攻击。

Deffie-Hellman 密钥交换协议的目的是让两方在没有秘密信道的情况下,利用公开信道协商一个密钥。用户 Alice 和 Bob 分别选择自己的秘密信息 x_A、x_B,算出公开信息 y_A、y_B($y_A = g^{x_A} \bmod p$,$y_B = g^{x_B} \bmod p$),利用公开信道交换公开信息,再分别算出完全相同的密钥(见图 7-1)。注意这里的信道是完全公开的,就是说任何人都能看到 y_A 和 y_B,不仅如此,攻击者还可以在这个信道上做其他事情,比如对信息进行修改、重放等。

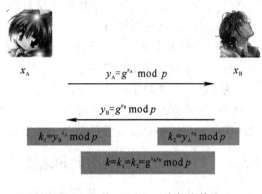

图 7-1　Diffie-Hellman 密钥交换

假设攻击者 Malice 在公开信道上,能截获 y_A 和 y_B。Malice 选择一个秘密 x_M 并计算出 $y_M = g^{x_M} \bmod p$;接下来在第一次通信中,他用 y_M 代替 y_A 传给 Bob;在第二次通信中,

用 y_M 代替 y_B，传回给 Alice，如图 7 - 2 所示。

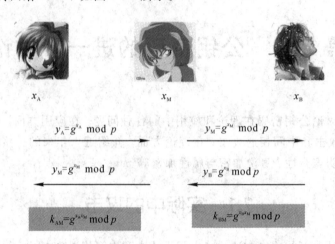

图 7 - 2 针对 Diffie-Hellman 密钥交换协议的中间人攻击

Alice 和 Bob 并不知晓 Malice 的存在，还以为自己收到的就是对方发来的信息，于是继续运行协议，分别计算出两个数，即 k_{AM} 和 k_{BM}，求法如下：

$$k_{AM} = g^{x_A x_M} \bmod p$$

$$k_{BM} = g^{x_B x_M} \bmod p$$

现在 Malice 与 Alice 之间共享了密钥 k_{AM}，与 Bob 之间共享了密钥 k_{BM}，于是 Alice 发给 Bob 的所有信息都是用 k_{AM} 加密的，Malice 可以解密，而 Bob 发给 Alice 的所有信息都是用 k_{BM} 加密的，Malice 也可以解密。

为了不被察觉，Malice 甚至还可以充当"传声筒"，在解密之后把 Alice 的信息重新用 k_{BM} 加密后转发给 Bob，并把 Bob 的信息用 k_{AM} 加密后转发给 Alice，这样即可插入到两个人的通信之中，得到了所有秘密信息。

为什么针对 Diffie-Hellman 密钥交换协议的中间人攻击能奏效呢？事实上，Malice 要想攻击成功，必须具备以下三个条件：

（1）Malice 能看到信道上传递的信息；

（2）Malice 能成功修改信息；

（3）Alice 和 Bob 相信收到的信息是对方发来的。

这三个条件显然全都具备。

为了防止此类攻击，必须对症下药，设法消除攻击成立的条件。攻击成功的主要原因是 Diffie-Hellman 密钥协商过程缺乏认证机制，两个参与方都无法确认收到信息的来源，因此需要在协议中对发送方的身份进行认证。

7.1.2 针对 RSA 密码的中间相遇攻击

从形式上看，RSA 是一种十分简洁的密码，加密和解密只由一个模幂运算构成，这种简单结构直接导致了密文具有可乘性。就是说，如果将明文 m_1 和 m_2 用同一密钥 e 加密，得到密文 c_1 和 c_2，则把 c_1 和 c_2 直接相乘，就相当于对 $m_1 \times m_2$ 用 e 加密的结果，写成公式就是：

$$(m_1 \times m_2)^2 = m_1^e \times m_2^e = c_1 \times c_2 \bmod n$$

这个性质也叫作乘法同态性。

乘法同态性在某种程度上会影响安全性，比如可以利用其构造如下的攻击：

假设攻击者 Malice 截获了密文 c，想从中破译出明文 m，并且 Malice 知道 m 的取值范围不超过 l 个比特，即 $m < 2^l$。

攻击第一步：对于 $i = 1, 2, \cdots, 2^{l/2}$，Malice 分别计算出 $i^e \bmod n$，即

$$1^e, 2^e, \cdots, (2^{l/2})^e \bmod n$$

并把这些数字按大小排序，构造出一张有序表。

攻击第二步：对于 $j = 1, 2, \cdots, 2^{l/2}$，Malice 分别计算出 $c/j^e \bmod n$，每算出一个，便在第一步构造的表中搜索，看是否能找到某个 i^e，使得

$$\frac{c}{j^e} \equiv i^e$$

如果找到了这样的一对 i 和 j，则根据乘法同态性，可以直接断定明文 $m = ij$。

这种攻击把原先需要搜索的明文空间 $[0, 2^l]$ 减少为在 $[0, 2^{l/2}]$ 上搜索两遍，效率大大提高了。其前提条件是需要使用大量的存储器来保存第一步生成的表格，因此是一种用空间换取运行时间的"时-空折中算法"。

针对 RSA 的中间相遇攻击之所以能成功，是由于 RSA 在设计上的固有性质，即乘法同态性。除了 RSA，ElGamal 密码也具有这种性质。

密码算法的同态性会影响安全性，然而它有时也会带来意想不到的好处。

在今天的云计算环境下，用户的密文都存储于云服务器中。如果要计算两个明文相乘后的密文，利用乘法同态性，可直接把对应的密文相乘，这就避免了大量的计算和通信。事实上，早在 1978 年，Rivest、Adleman 和 Dertouzos 就提出了同态加密的思想。他们还设想如果有某种密码算法可以同时具有加法和乘法同态性，并可以计算任意多次同态运算，则称为全同态加密。全同态加密算法可以解决云计算、大数据环境中的许多实用问题，成为一项极具前景的技术。然而全同态加密的思想提出之后，密码界一直没能构造出一种真正的全同态加密算法来，鉴于构造十分不易，这种加密算法一度被称为密码学中的"圣杯"。

直到 2009 年，美国的 Gentry 才构造出第一个真正的全同态加密算法，随后在世界范围内掀起了同态密码的研究热潮。今天，同态密码已经成为密码学领域一个非常重要的研究课题，出现了许多有价值的成果，并逐渐从实验室走向实际应用。

7.2　公钥密码的可证明安全性

7.2.1　可证明安全性概述

大体上讲，密码系统的安全性可分为三个等级。

第一种称为"最强的安全性"，又称为信息论意义上的安全性，也就是 Shannon 提出的"理论保密性"。符合理论保密性的密码体制，只有"一次一密"，就是说密文中不含明文的任何信息。注意，并非攻击者永远猜不对明文是 0 还是 1，而是指猜对的概率为 1/2，说白了就是完全靠碰运气。

第二种称为"计算意义上的安全性"。比如靠穷举密钥来破译 AES，这完全取决于攻击者拥有的计算条件以及密码系统的参数大小，只要时间足够长，穷举搜索法总是可以成功的。如果某种密码的使用期限是 3 年，而攻击者需要花费 20 年才可能成功破译，则认为该密码是计算安全的。

第三种安全性称为"可证明安全性"，就是说，密码设计者在构造了一种密码之后，必须对其安全性给出形式化的证明，这才能令人相信这种密码确实是安全的。

1984 年 Goldwasser 和 Micali 提出语义安全的概念，比较系统地阐述了可证明安全的思想，并且给出了可证明安全的加密方案和签名方案，将公钥密码的安全性归约到单向函数上。这一概念的提出开创了可证明安全性理论的先河，奠定了现代密码理论的数学基础。1993 年 Bellare 及 Rogaway 提出了著名的随机预言机模型（Random Oracle Model），为一大类基于哈希函数设计的密码方案的证明提供了一种安全性和效率折中的方法。从此，可证明安全性理论得到蓬勃发展，各种基于随机预言机模型的密码方案也得到广泛研究。

近二十年来，可证明安全性理论和技术受到了广泛关注，也成为了评估密码算法安全性的基本要求之一。这方面的研究大致分为两类。一类是这种形式化方法的具体运用，就是构造可证明安全的加密、签名方案和密码协议，或者证明已知方案的安全性。根据所使用的模型不同，又分为随机预言模型下可证明安全的方案和标准模型下可证明安全的方案。另一类是对可证明安全性方法本身的研究，以及由此产生的安全性定义、攻击模型及各种证明模型和归约技术的研究。

7.2.2　攻击模型

由于设计的原因，公钥密码的安全性必须依赖于某个数学上的困难问题，就是说，不存在快速求解算法的问题。证明自己设计的密码算法的安全性等同于求解某个困难问题（比如分解整数），从逻辑上讲，证明思路属于典型的反证法。

前提：问题 1 是困难的（已有的权威论断）。

假设：如果能破译密码方案 2，则问题 1 不再困难（与前提矛盾）。

由矛盾得出结论：密码方案 2 无法破译。

在实际证明中，首先需要假设攻击者的条件，即攻击模型。攻击模型是指一般攻击者拥有什么样的能力，会采取什么样的攻击策略、步骤等一系列问题。通常攻击者分为被动攻击者和主动攻击者。被动攻击者仅能窃听信道中所传递的密文，而主动攻击还能根据意愿用不确定的方式修改密文或者明文。显然，主动攻击者拥有更强的能力。此外，主动攻击者还能够得到必要的密码服务，比如加密或解密服务，在模型中称为加密预言机或解密预言机。当然，在现实当中不可能有专门设置的这种预言机来提供服务，但是由于系统设计本身存在的缺陷、系统使用者的疏忽，都能在不经意间为攻击者提供加密或者解密服务，因此预言机服务是对现实情况的一个合理的抽象。

对于攻击者的意图也有必要再进一步讨论。一般认为，攻击的目标是要通过密文恢复出明文，更进一步还试图获得加密所使用的密钥，如果达到这些目标就认为攻击成功，否则认为攻击不成功。这样的攻击目标可以称之为"完全或无"意义上的攻击，即获得了完全的信息或无任何信息。但是，"完全或无"意义上的攻击在现实中是很不充分的。在很多情况下，攻击者不需要获得完全的信息就有可能带来很大的麻烦。通常明文中会包含一些易于猜测的先验信息，如公文中的格式化文字信息无须攻击就能猜测出内容，电子投标协议中的标的数目无须恢复就可能被改变，掷币协议中的一个 1 或 0 的比特信息可以容易地被猜测并验证猜测结果。因此，安全的密码系统不仅仅是要能抵抗"完全或无"意义上的攻击，更要能够抵抗任何形式的攻击和任何信息的泄露。

在确定了攻击模型之后，实际的证明过程以挑战-应答的"游戏"方式来进行。游戏有两个参与方：攻击者和挑战者，挑战者被认为是密码系统的"代言人"，他坚信密码是安全的，并按照规则回答攻击者提出的问题。

游戏一般分为以下几个步骤：

（1）挑战者为攻击者提供合法的预言机服务。攻击者提交自己所选择的消息进行询问以得到相应的结果，包括对选择明文的加密服务以及对选择密文的解密服务。这些服务可以是任意的，直到攻击者认为收集了足够的信息为止。

（2）攻击者选择挑战模块，提交给挑战者。挑战者向攻击者出示挑战密文，要求攻击者应答。

（3）攻击者使用所有的有用信息做出应答。通过判定应答正确的概率来决定攻击者是否攻击成功。

攻击者可使用的信息包括通过预言机服务所获得的参数。攻击者还可以对除挑战密文之外的任何消息得到预言机服务以获取更多的信息，如图 7-3 所示。

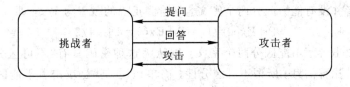

图 7-3　攻击游戏

为了证明密码是安全的，必须从最坏的角度考虑，也就是认为只要破译者得到了明文中的一个字，密码就是不安全的。从理论上讲，破译者只要获得一个比特，攻击就奏效了。

因此，攻击者可以先给自己定一个小目标——获取一比特信息。

这个小目标相当于给出两个密文，如果攻击者能区分它们，则认为攻击者得到了一比特信息，从而攻击成功。相应地，如果密码设计者要宣称自己构造的密码是安全的，他必须证明攻击者无法区分两个密文，如图 7-4 所示。

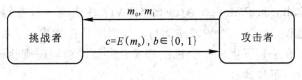

图 7-4　一轮攻击游戏

具体步骤如下：

（1）攻击者选择两个长度相同的明文，记作 m_0、m_1，传给挑战者；

（2）挑战者任选一个明文进行加密（具体选择哪一个明文是保密的），再把密文传回给攻击者；

（3）攻击者猜测得到的密文 c 对应哪个明文，$b=0$ 或 $b=1$。

实际攻击中，问一次可能作用不大，根本猜测不出来，那么就需要多试几次，运行游戏多次，如图 7-5 所示。

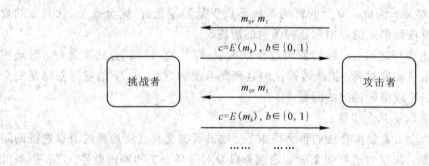

图 7-5　多轮攻击游戏

为了更严谨，可以根据挑战者的行为将游戏过程进行细分：

实验 0（Exp0）：选择消息 m_0 来加密；

实验 1（Exp1）：选择消息 m_1 来加密。

无论是哪个实验，到最后攻击者都会输出一个猜测 b'。

实验 0 中，猜测正确（$b'=0$）的概率记作 $\Pr[\text{Exp0}=1]$；

实验 1 中，猜测正确（$b'=1$）的概率记作 $\Pr[\text{Exp1}=1]$。

如果攻击者并没有能力区分两个密文，则猜测正确的概率为 1/2，即

$$\Pr[\text{Exp0}=1]=\Pr[\text{Exp1}=1]=1/2$$

如果所有攻击者都不能区分两个密文，则认为这种密码具有"不可区分性"，就是说，不会轻易泄露一比特信息。所谓不可区分性，简单地说，就是攻击者不能区分对不同明文加密后得到的密文。其严格定义如下：

定义 7-1（公钥密码的不可区分性）　公钥密码方案（G，E，D）具有不可区分性，如果对所有多项式规模的加密函数簇 $\{C_n\}$，每个正的多项式 p 和充分大的 n，以及每个 x，$y\in\{0,1\}^{\text{poly}(n)}$（即 $|x|=|y|$），有

$$|\Pr[C_n(G_1(1^n),E_{G_1(1^n)}(x))=1]-\Pr[C_n(G_1(1^n),E_{G_1(1^n)}(y))=1]|<\frac{1}{p(n)}$$

根据攻击者所能得到的预言机服务类型，以及访问预言机的不同能力，在公钥密码中定义了三种不同的攻击模型：选择明文攻击、选择密文攻击和适应性选择密文攻击。

选择明文攻击（Chosen Plaintext Attack，CPA）：攻击者可以获得他选取的明文对应的密文。这个攻击过程按以下 4 个阶段来运行，分别为密钥的生成、攻击者得到一个密钥的加密预言机服务、在密钥下生成一个挑战密文、附加请求同一密钥的加密预言机服务。确切地说，就是执行以下步骤：

（1）密钥生成。由合法方生成一对密钥 $(e,d)\leftarrow G(1^n)$。在公钥加密体制下，攻击者可以同时得到公开参数和公钥 $(1^n,e)$。但在私钥体制下，攻击者只能得到公开的参数 1^n。当合法方生成这些参数之后，在整个过程中将不得更改。

（2）请求加密预言机服务。攻击者在获得了以上参数之后，可以向合法方请求所选定密钥的加密预言机服务。攻击者选择想要加密的明文 x 提交给加密预言机。加密预言机利

用选定密钥加密该明文并将密文 $E_e(x)$ 返回给攻击者。攻击者重复多次执行这一操作，直到满意后转向下一步。

（3）挑战密文生成。攻击者在获得了以上参数之后，给定一个挑战模块并给予一个真正的挑战。

（4）附加的加密预言机服务。在获得了以上信息之后，攻击者再选择一些明文提交给预言机，以得到在同一密钥下相应的密文。攻击者重复多次执行这一操作，产生一个输出并停止。

为了描述敌手的主动攻击，1990 年 Naor 和 Yung 提出了（非适应性）选择密文攻击（Chosen Ciphertext Attack，CCA）的概念，其中敌手在获得目标密文以前，可以访问解密预言机。敌手获得目标密文后，希望获得目标密文对应的明文的部分信息。就是说，攻击者能够对他所选择的、甚至是精心设计的大量密文获得解密预言机服务。选择密文攻击执行如下的步骤：

（1）密钥生成。由合法方生成一对密钥 $(e, d) \leftarrow G(1^n)$。在公钥加密体制下，攻击者可以同时得到公开参数和公钥 $(1^n, e)$。但在私钥体制下，攻击者只能得到公开的参数 1^n。当合法方生成这些参数之后在整个过程中将不得更改。

（2）加密和解密预言机服务。攻击者在获得了以上参数之后，可以向合法方请求所选定密钥的加密预言机服务或解密预言机服务。对于加密预言机，攻击者选择想要加密的明文 x 提交给加密预言机，加密预言机将在选定密钥下的对应密文 $E_e(x)$ 返回。对于解密预言机，攻击者选择有效的密文 y 提交给解密预言机，加密预言机将在选定密钥下的对应明文 $D_d(y)$ 返回。注意，如果所提交的密文是无效的，则解密预言机返回一个特定的错误符号或者拒绝提供服务。攻击者重复多次执行这一操作，直到满意后转向下一步。

（3）挑战密文生成。攻击者在获得以上的参数之后，指定一个挑战模块并给予一个真正的挑战。

（4）附加的加密预言机服务。在已经获得的参数基础上，攻击者可能继续请求加密预言机服务，对继续选择的明文进行加密，以获得对其应答挑战有用的信息。然后，攻击者对挑战做出应答。

1991 年 Rackoff 和 Simon 提出了适应性选择密文攻击（Adaptive Chosen Ciphertext Attack，CCA2）的概念，其中敌手获得目标密文后，可以向网络中注入消息（可以和目标密文相关），然后通过和网络中的用户交互，获得目标密文相应的明文的部分信息。

适应性选择密文攻击的攻击者拥有更强的能力，他对解密预言机的访问没有任何限制。除了挑战密文之外，他可以在任意阶段提交任意的选择密文来获取想要得到的有用信息。因此，适应性选择密文攻击是最强的攻击，它与现实的情况也更为接近。由于系统缺陷或用户疏忽而造成的预言机服务可能会一直存在，因而攻击者可以在任何需要的时候对其进行访问。在上述的选择密文攻击模型中，在第（4）阶段，攻击者除能继续访问加密预言机外，还可以访问解密预言机，对所选择的密文要求预言机解密，以获得对其应答有用的信息。唯一的限制是，攻击者不能将挑战密文提交给解密预言机。适应性选择密文的攻击者执行如下步骤：

（1）密钥生成。由合法方生成一对密钥 $(e, d) \leftarrow G(1^n)$。在公钥加密体制下，攻击者可以同时得到公开参数和公钥 $(1^n, e)$。但在私钥体制下，攻击者只能得到公开的参数 1^n。当合法方生成这些参数之后，在整个过程中将不得更改。

（2）加密和解密预言机服务。攻击者在获得了以上参数之后，可以向合法方请求所选定密钥的加密预言机服务或解密预言机服务。对于加密预言机，攻击者选择想要加密的明文 x 提交给加密预言机，加密预言机将在选定密钥下的对应密文 $E_e(x)$ 返回。对于解密预言机，攻击者选择有效的密文 y 提交给解密预言机，加密预言机将在选定密钥下的对应明文 $D_d(y)$ 返回。注意，如果所提交的密文是无效的，则解密预言机返回一个特定的错误符号或者拒绝提供服务。攻击者重复多次执行这一操作，直到满意后转向下一步。

（3）挑战密文生成。攻击者在获得以上的参数之后，指定一个挑战模块并给予一个真正的挑战。

（4）附加的加密和解密预言机服务。在已经获得的参数基础上，攻击者可能继续请求加密预言机服务，对继续选择的明文进行加密。以获得对其应答挑战有用的信息。然后，攻击者做出应答。

为了与适应性选择密文攻击相区分，选择密文攻击又称为非适应性选择密文攻击，或表示为 CCA1。

7.2.3 确定型加密的不安全因素

不可区分性是对加密算法最起码的要求，因为如果不满足不可区分性，则算法在攻击游戏中将以不可忽略的概率泄露一比特，这样就有可能泄露若干比特，这样的加密算法绝对称不上是安全的。然而遗憾的是，许多密码并不满足不可区分性的要求，比如确定型的加密。

如果一种公钥密码总是将相同明文加密成相同密文，就是说，如果 $m_0 = m_1$ 蕴含着 $c_0 = c_1$，则聪明的攻击者会巧妙地利用它来获取一比特明文信息。

在第一次询问时，攻击者发出两个一模一样的消息，即 $m_0 = m_1$，此时无论挑战者选哪一个消息来加密，得到的密文都是相同的，将其记作 c_0。

在第二次询问时，攻击者发送两个不同消息，其中一个是 m_0，另一个任选。挑战者随机选一个消息加密，并把密文传给攻击者，如图 7-6 所示。

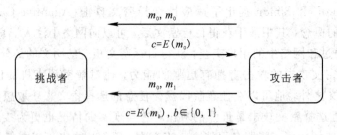

图 7-6 对确定型加密的攻击

攻击者比较两次得到的密文，如果相同，则说明第二轮中挑战者选择的是 m_0，如果不同，则挑战者选择的是 m_1。这样比较的结果，几乎一定会成功的。反过来也可以说，确定型的加密（即当 $m_0 = m_1$ 时必有 $c_0 = c_1$）不具有不可区分性。

这样的密码算法很多，比如教科书 RSA 密码。

为了实现不可区分性，如果加密密钥必须重复使用，则每次加密应该把同一明文加密成不同的密文。具体方法是为每次加密引入不确定性因素，使得对同一个明文用相同密钥加密时，每次得到的密文都是不同的。从数学上讲，此时加密变换是一对多映射（见图 7-7），同一个明文 m_1，可能被加密成 c_1、c_2、c_3、$\cdots$。

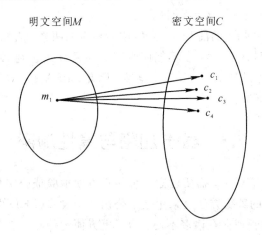

图 7-7　一对多的加密映射

那么，明文与密文的这种关系又该如何实现呢？为了将确定型的加密变成不确定的，需要引入随机数，并在加密时把这个随机数与明文结合起来。最简单的结合方法是直接把随机数续在明文后面，复杂的方法则需要一些附加的设计。

1994 年 Bellare 和 Rogaway 提出了 RSA 的一种随机化变形，称为最优非对称加密填充（Optimal Asymmetric Encryption Padding，OAEP），如图 7-8 所示。设计者声称借助于理想的 Hash 函数，该方案能使基于陷门置换的加密方案达到 IND-CCA2 安全性。2001 年 Shop 指出 OAEP 的安全性证明中存在漏洞，使得它不能广泛地应用于各种加密算法，同时提出了改进的明文填充方案 OAEP$^+$。

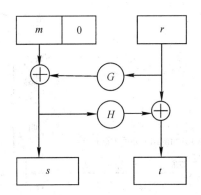

图 7-8　OAEP 示意图

如图 7-8 所示，m 是要加密的明文，0 表示一串连续的 0，r 是随机数，G 和 H 是两个函数，经过一番计算之后得到了 s 和 t 两部分，它们又被连接起来，作为一个整体输入到原始 RSA 算法中去加密。

RSA-OAEP 在加密过程中用到两个伪随机函数：

$$G: \{0,1\}^{k_0} \to \{0,1\}^{k-k_0}, \quad H: \{0,1\}^{k-k_0} \to \{0,1\}^{k_0}$$

填充消息 $m \in \{0,1\}^{k-k_0-k_1}$ 时，选择随机串 $\in \{0,1\}^{k_0}$，并计算

$$s = (m \parallel 0^{k_1}) \oplus G(r), \quad t = r \oplus H(s)$$

(s,t) 即为填充后的明文。对于解密得到的 (s,t)，计算

$$t = r \oplus H(s), \quad m = s \oplus G(r)$$

若 M 的后 k_1 位都是 0，则 M 的前 $k-k_0-k_1$ 位为相应的明文，否则判定密文为非法密文。

OAEP 是一种填充加密方案，它不能使所有的加密算法达到 IND - CCA2 安全性，但应用于 RSA 时，可以达到 IND - CCA2 安全性。因此，RSA - OAEP 已被国际工业标准组织接受为 RSA 的加密标准。

7.3　身份加密与属性加密

在公钥密码的实际应用中，需要建立一种能很方便地验证公钥与主体身份之间联系的机制，对这一问题传统的解决方法是采用基于公钥基础设施（PKI）的公钥证书机制，但是，利用公钥证书实现密钥管理存在诸多不便。为了更方便地使用公钥密码，1984 年，Shamir 提出基于身份的密码体制（Identity Based Encryption，IBE），其主要思路是利用用户的身份信息（ID、邮箱等）生成公钥，从而信息的发送方无须访问任何证书机构或可信第三方就能得到接收方的公钥，以此来简化密钥管理过程。

为阐述 IBE 的工作过程，Shamir 设计了一个邮件加密的例子，当用户 Alice 要向 Bob 发送邮件时，假设 Bob 的邮箱为 bob@hotmail.com，则 Alice 直接用公开的字符串 bob@hotmail.com 加密信息即可，无须从任何证书管理机构获得 Bob 的公钥证书。Bob 收到密文时，与称为私钥生成器（Private Key Generator，PKG）的第三方联系，通过认证后得到自己的私钥，从而可以解密信息，如图 7-9 所示。这样做可以大大简化邮件系统中的密钥管理，使公钥密码的应用变得极为方便。

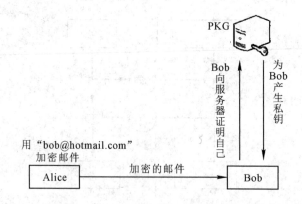

图 7-9　基于身份的加密方案示例

Shamir 提出的基于身份的公钥密码体制是一种数字签名体制。IBE 的思想提出后，人们用各种数学工具设计了许多加密实现方案，但这些方法都有一定的局限性，设计实用的 IBE 方案一度被视为一个公开的难题。2000 年 1 月，在日本召开的密码学与信息安全论坛上，R.Sakai、K.Ohgishi 与 M.Kasahara 提出了基于椭圆曲线点群上配对映射（Pairing-Mapping）的一种新颖的基于身份的密码体制。同年，A.Joux 提出了利用同一技巧的一种

基于身份的三方 Diffie-Hellman 协议，即三方密钥共享协议。2001 年，Boneh 和 Franklin 利用代数曲线上的双线性对实现了第一个既实用又安全的 IBE 方案[9]。他们还利用随机预言机模型(Random Oracle Model，ROM)证明了该方案能抵抗不可区分的自适应选择密文攻击。此后，大量基于双线性对技术的加密和签名机制被提出，基于身份的密码学研究成为学者们关注的热点。目前，基于身份的方案包括基于身份的加密体制、可鉴别身份的加密和签密体制、签名体制、密钥协商体制、鉴别体制、门限密码体制和层次密码体制等。

基于身份的密码体制应满足下列基本条件：

(1) 用户之间既不用交换私钥也不用交换公钥。

(2) 不需要保持一个公共的证书服务器。

(3) 只在系统建立阶段需要一个可信的机构为系统中每个用户生成密钥，且用户绝对无条件信任该可信机构。

一个基于身份的密码体制由以下四个随机算法构成。

初始化(Setup)：给定安全参数 κ，输出系统参数 params 和主密钥，系统参数包括消息空间 M、密文空间 C。系统参数是公开的，而主密钥只有"私钥生成器"PKG 知道。

密钥提取(Extract)：输入系统参数 params、主密钥和任意的 ID$\in\{0,1\}^*$，输出私钥 d，其中 ID 为用户公钥，d 为相应的私钥，提取算法由给定的公钥生成私钥 d；

加密(Encrypt)：输入系统参数 params、ID，以及 $m\in M$，输出密文 $c\in C$；

解密(Decrypt)：输入系统参数 params、ID，私钥 d 以及 $c\in C$，输出 $m\in M$。

这些算法必须满足一致性条件，即当 d 为由提取算法产生的相对于 ID 的私钥时，对任意 $m\in M$，有

$$\text{Decrypt}(\text{params}, \text{ID}, c, d)=m$$

其中，$c=\text{Encrypt}(\text{params}, \text{ID}, m)$。

基于身份的密码体制建立在椭圆曲线密码(Elliptic Curve Cryptography，ECC)的基础之上，ECC 体制的安全基础是有限域中椭圆曲线上的离散对数问题。目前的研究结果表明，解决 ECDLP 比有限域上的离散对数问题更加困难。近年来，对椭圆曲线密码体制的研究极大促进了基于身份密码体制的研究与应用。

在 IBE 的基础上，Sahai 和 Waters 提出了基于属性的加密(Attribute-Based Encryption，ABE)或模糊 IBE(Fuzzy IBE)。在 ABE 系统中，用户密钥和密文用一组描述性的属性所标记，私钥与访问结构相关联，某个特定的密钥只有在其属性与密文相匹配时才能进行解密。假设系统预先规定了一个相匹配的属性数量(门限值)，当且仅当密钥和密文间至少有 d 个匹配属性时才可以用该密钥解密，这种门限匹配规则与生物测定学相结合可以实现很好的容错加密。

ABE 方案的基础是基于身份的加密，所有现有的 IBE 体制都将身份看作一个特征串(String of Character)，而在 ABE 中，身份被视为一组描述性的属性集合，假设私钥具有属性组 ω，密文具有属性组 ω'，如果 ω 与 ω' 有足够的交迭(Set Overlap)，则可以解密。换句话说，如果信息被一组属性 ω' 加密，则具有属性组 ω 的私钥可以解密该密文，当且仅当 $|\omega\cap\omega'|\geqslant d$，其中 d 是一个固定值。由于 ABE 固有的容错性，使得它在生物身份信息识别等系统中得到应用。

习　　题

1. 简述针对 Deffie-Hellman 协议的中间人攻击过程。
2. 什么是密码算法的乘法同态性？
3. 密码系统的安全性可分为哪些等级？
4. 为什么确定型的加密是不安全的？
5. 简述 RSA - OAEP 的加密过程。
6. 基于身份的密码体制有哪些优点？

第 8 章　消息认证和散列函数

8.1　消　息　认　证

8.1.1　消息认证概述

1. 消息认证系统模型

在信息系统中，消息在传输和存储的过程中可能受到来自各方面的破坏，既有人为的窜改、攻击等，也有非人为的信号干扰、编译码错误等，这些因素将会影响正常的通信活动。信息系统的安全应该考虑排除这两方面的影响：一方面采用高强度的密码加密消息，使其不被破译；另一方面就是要防止各种因素造成的差错，尤其要防止攻击者对系统进行主动攻击，如伪造、窜改消息等。认证（Authentication）是防止主动攻击的重要技术，对于开放的网络和信息系统的安全性有重要作用。通过认证可以解决以下两方面的问题：

第一，验证消息是否来自真实的信源实体，而不是冒充的，这类认证称为信源认证或实体认证；

第二，验证消息的完整性，防止其在传送或存储过程中被窜改、重放或延迟等，以及出现非人为差错，这类认证称为消息认证或完整性认证。

加密和认证是信息系统安全的两个重要方面，但又是两种不同性质的手段。认证能够保证消息的完整性，但不能提供保密性，而加密只能提供保密性，不能保证完整性。认证系统类似于密码系统，但又不同于密码系统，认证系统的模型如图 8-1 所示。

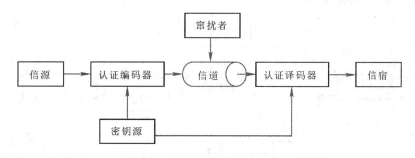

图 8-1　认证系统的模型

密码系统更强调的是保密性，要求消息内容对第三方不可见。不论是密文在传输过程中出错，还是解密方法错误或密钥错误都可能造成解密错误，当接收方正确解密出明文时，他也不能判定所接收到的密文是否真实。相对于密码系统，认证系统更强调的是完整性。消息从信源发出后，经由密钥控制或无密钥控制的认证编码器变换，加入认证码，将消息连同认证码一起在公开的信道中进行传输，有密钥控制时还需将密钥通过一个安全信道传输至接收方，接收方在收到所有数据后，经有密钥控制或无密钥控制的认证译码器进行认证，判定消息是否完整，将完整的消息送至信宿。消息在整个过程中以明文形式或某种变形进行传输，但并不要求加密，也不要求内容对第三方保密。认证编码器和认证译码器可抽象为认证函数。

一个安全的认证系统需满足以下条件：

（1）指定的接收者能够检验和证实消息的合法性、真实性和完整性；

（2）消息的发送者和接收者不能抵赖；

（3）除了合法的消息发送者，其他人不能伪造合法的消息。

首先要选好恰当的认证函数，该函数产生一个认证标识，然后在此基础上，给出合理的认证协议（Authentication Protocol），使接收者完成消息的认证。

2. 认证函数

认证的特点是唯一性，即待认证消息与认证信息之间具有唯一对应关系。用认证函数对消息进行变换可以得到用于认证的信息。认证函数至少应具有以下特点：认证函数必须是单向函数；对于一个特定的消息，很难找到一个不同的消息与其具有相同的认证码；很难找到两个具有相同认证码的任意消息。

一般可用作认证的函数分为三类：加密函数、消息认证码（Message Authentication Code，MAC）和散列函数。

1）加密函数

用加密函数的输出，即密文对消息进行认证，解密后与原始明文相对照，从而判定消息的完整性或通信实体身份的真实性。

密码系统可分为对称加密和公钥加密两大类，两类加密体制均可用来构造认证码。

（1）对称加密。由于在对称加密系统中，密钥是保密的，所以密钥和加密方具有唯一对应的关系，对称密码系统能够提供一定程度的认证。加密方可通过将自己的密钥信息注入所要发送的消息的方式来进行认证。通信双方为发送方 A 和接收方 B。B 接收到消息后通过解密来判决消息是否来自 A 或消息是否完整。图 8-2 给出了对称加密认证的过程，$E_k(\cdot)$ 和 $O_k(\cdot)$ 为对称加密算法。

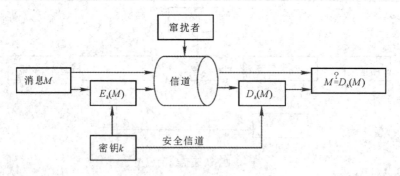

图 8-2　对称加密认证过程

（2）公钥加密。公钥加密系统中，加密密钥是公开的，任何人都可以利用公开密钥加密消息，加密者和加密密钥之间不具有唯一对应的关系，一个标准的公钥加密系统是不能自动提供认证功能的。但是解密密钥是保密的，只能被合法的解密者拥有，解密密钥和解密者具有唯一对应的关系，这种关系可以用于认证。解密者作为发送方，将自己的解密密钥的信息注入所要发送的消息，接收者再利用解密者的公开密钥来验证，同样可以判断消息是否来自发送方或者消息是否完整，这就是数字签名技术。公钥加密在认证方面最重要的应用就是数字签名技术。公钥加密认证过程如图 8-3 所示，$S(\cdot)$ 和 $V_e(\cdot)$ 为公钥加密算法。

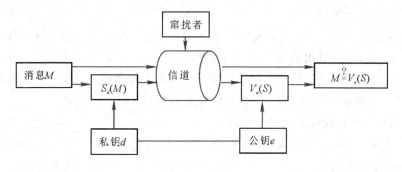

图 8-3　公钥加密认证过程

2) 消息认证码

消息认证码是对信源消息使用一个编码函数得到的。公开的编码函数在密钥控制下产生一个固定长度的值作为认证标识，并加入到消息中。消息认证码也可称为密码校验和（Cryptographic Checksum）。

3) 散列函数

散列函数是一个公开的函数，具有压缩和置乱的功能，将任意长的消息映射成一个固定长度的信息。有关散列函数的内容将在第 8.2 节专门作介绍。

8.1.2　消息认证码（MAC）

1. 消息认证码的定义

MAC 是一个加入到消息中的认证标识，是通过对信源消息使用一个编码函数得到的，并在密钥控制下产生一个固定长度的值。MAC 函数类似于加密函数，但无需对 MAC 值进行解密，不需要满足可逆性。通信双方利用 MAC 进行消息认证时，需要双方共享密钥 k，设 A 欲发送给 B 的消息是 M，A 首先计算 $\mathrm{MAC}=C_k(M)$，其中 $C_k(\cdot)$ 是密钥控制的公开函数，然后向 B 发送 M 和 MAC 值，B 收到消息后进行与 A 相同的计算，求得一个新的 MAC，并与收到的 MAC 比较。MAC 的基本用法如图 8-4 所示。

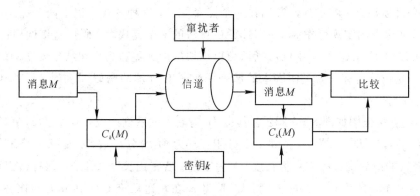

图 8-4　MAC 的基本用法

如果仅收发双方共享密钥 k，且 B 计算得到的 MAC 与收到的 MAC 一致，那么该认证系统实现了以下功能：

（1）接收方相信发送方发来的消息未被窜改。这是因为攻击者不知道密钥，他不能窜改消息的同时相应地窜改 MAC。

（2）接收方相信发送方不是冒充的。这是因为只有收发双方知道密钥，其他人不可能在没有密钥的情况下计算出消息所对应的正确 MAC。

上述过程只提供了认证性，未提供保密性。为提供保密性，可在 MAC 函数作用以后或以前进行一次加密，加密密钥也需要被收发双方共享。

MAC 函数在设计时应具有以下性质：

（1）如果一个攻击者得到 m 和 $C_k(m)$，则攻击者构造一个消息 m'，使得 $C_k(m') = C_k(m)$ 在计算上不可行；

（2）$C_k(m)$ 应均匀分布，即随机选择消息 m 和 m'，$C_k(m) = C_k(m')$ 的概率是 2^{-n}，其中 n 是 MAC 的位数；

（3）令 m' 为 m 的某些变换，即 $m' = f(m)$（例如：f 可以涉及 m 中一个或多个给定位的反转），在这种情况下，$\Pr[C_k(m) = C_k(m')] = 2^{-n}$。

2. HMAC 算法

当前，比较流行的是使用散列函数来设计 MAC。散列函数是密码学中的一个重要概念，能够将任意长的比特串映射为一个固定长的比特串。目前已经提出了许多基于散列函数设计的消息认证算法，其中 HMAC 算法（RFC2104）是实际中使用最多的方案。

HMAC 算法的设计目标如下：

（1）可不经修改而直接使用现有的散列函数，特别是那些易于软件实现且源代码可方便获取且免费使用的散列函数；

（2）其中嵌入的散列函数可易于替换为更快或更安全的散列函数；

（3）保持嵌入的散列函数的最初性能，不因用于 HMAC 算法而使其性能降低；

（4）以简单的方式使用和处理密钥；

（5）在对嵌入的散列函数合理假设的基础上，易于分析 HMAC 算法用于认证时的密码强度。

前两个目标是为了将散列函数当作一个黑盒使用，这种方式有以下两个优点：

（1）散列函数的实现可作为实现 HMAC 算法的一个模块，代码可直接调用；

（2）可以将 HMAC 算法中的散列函数以模块的形式更新为更快或更安全的散列函数。

最后一条设计目标是为了使嵌入的散列函数具有合理的密码强度时，HMAC 算法是可证明安全的。

HMAC 算法框图如图 8 - 5 所示。其中 H 为嵌入的散列函数，M 为 HMAC 算法的输入消息，$Y_i (0 \leqslant i \leqslant L - 1)$ 为 M 的第 i 个分组，L 为 M 的分组数，b 是一个分组的比特长度，n 为嵌入的散列函数的散列值长度，k 为密钥，若密钥长度大于 b，则将密钥输入散列函数中产生一个长度为 n 比特的密钥，k^+ 是将 k 在左边填充 0 使其成为 b 比特，ipad 为 $b/8$ 个 00110110，opad 为 $b/8$ 个 01011010。

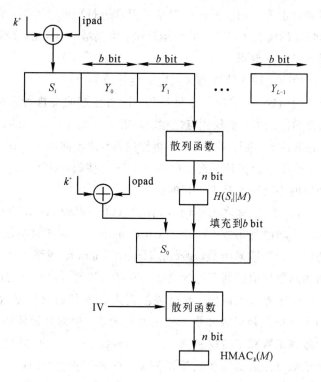

图 8-5　HMAC 算法框图（IV 为初始向量）

算法的输出可表示为

$$\mathrm{HMAC}_k = H\big[(k^+ \oplus \mathrm{opad}) \parallel H[(k^+ \oplus \mathrm{ipad}) \parallel M]\big]$$

算法的运行过程可描述如下：

(1) k 的左边填充 0，以产生一个 b 比特长的 k^+；

(2) k^+ 与 ipad 逐比特异或，以产生 b 比特的分组 S_i；

(3) 将 M 链接在 S_i 后；

(4) 将 H 作用于步骤(3)产生的数据流；

(5) k^+ 与 opad 逐比特异或，以产生 b 比特长的分组 S_0；

(6) 将步骤(4)得到的散列值链接在 S_0 后；

(7) 将 H 作用于步骤(6)产生的数据流并输出最终结果。

8.2　散　列　函　数

1. 散列函数的定义

散列函数也称哈希函数（Hash Function）、杂凑函数，是密码学中的一个重要概念。散列函数能够对任意长度的明文进行变换，得到相对应的函数值，称为散列值或杂凑值、消息摘要（Message Digest）、指纹（Fingerprint），变换的过程称为散列变换。散列值的长度一般是固定的。通过一个安全的散列函数变换，不同的明文得到相同散列值的概率极小，可以近似地认为，明文和散列值是一一对应的。因此，散列函数是实现消息认证码的一个重要工具，在数字签名中也可以用散列函数对签名消息进行预处理，再对消息的散列值进行签名，在保证安全强度的情况下，可以减小运算量，提高数字签名的效率。

一般对散列函数有如下要求：

(1) 对任意长度的明文输入能够得到固定长度的散列值；

(2) 对于一个散列函数 h，求逆是不可行的，即对任意明文进行散列变换计算简单且便于实现，但对任意的散列值，要找到与之相对应的明文是十分困难的；

(3) 对于给定的消息 x，在计算上几乎不可能找到与之不同的 x'，使得 $h(x)=h(x')$；

(4) 在计算上几乎不可能找到一对不同的 x 和 x'，使得 $h(x)=h(x')$，即要找到任意一对具有相同散列值的不同明文是不可行的。

能够满足条件(1)、(2)的称之为单向散列函数(One-Way Hash Function)，能够满足条件(1)～(3)的称之为弱散列函数(Weak Hash Function)或弱无碰撞的散列函数，能够满足条件(1)～(4)的称之为强散列函数(Strong Hash Function)或强无碰撞的散列函数。两个不同的明文得到相同散列值的情况称为碰撞，碰撞是散列函数设计与应用中不希望出现的，强散列函数能够很好地避免碰撞，显然强散列函数也是弱散列函数。根据安全水平，散列函数可分为弱无碰撞散列函数和强无碰撞散列函数。根据是否使用密钥，散列函数可分为带秘密密钥的散列函数和不带秘密密钥的散列函数。带秘密密钥的散列函数是指消息的散列值由只有通信双方知道的秘密密钥来控制，散列值称作 MAC；不带秘密密钥的散列函数是指消息的散列值产生无须使用密钥，散列值称作 MDC(Manipulation Detection Code)。

散列函数用于数字签名时，利用散列函数对消息进行变换后，用消息摘要作数字签名，会不会出现伪造呢？假设一个有效的数字签名为二元组 (x, y)，$y=\mathrm{sig}_k(h(x))$。

伪造方式一：窃扰者计算 $Z=h(x)$，并找到一个 $x'=x$，满足 $h(x')=h(x)$，则 (x', y) 也将成为有效签名。

伪造方式二：窃扰者找到任意两个消息 $x=x'$，满足 $h(x)=h(x')$，然后把 x 送给签名者要求对 x 的摘要 $h(x)$ 签名，得到 y，那么 (x', y) 是一个有效的伪造。

伪造方式三：在数字签名中伪造出一个对随机消息摘要 Z 的签名，若 h 的逆函数 h^{-1} 是易求的，可算出 $h^{-1}(Z)=x$，则 (x, y) 为合法签名。

强散列函数可以防止以上伪造。在密码学中讨论较多的且能够用于消息认证码和数字签名的散列函数是强散列函数。

实现散列函数的方法很多，可以利用分组密码分组长度固定且具有良好的单向性的特点来实现一些简单而快速的散列函数，也可以利用分组密码设计中的扩散和循环等方法来设计专用的散列算法，这些算法被广泛地用作消息认证、数字签名和口令的安全存储的有效方法。

2. 对散列函数的攻击

强散列函数的主要安全性体现在其良好的单向性和对碰撞的有效避免。由于散列变换是一种明文收缩型的变换，当明文和散列值长度相差较大时，仅散列值不能够给恢复明文提供足够的信息熵，仅通过散列值来恢复明文的难度大于对相同分组长度的分组密码进行唯密文攻击的难度。但如果一则合法的明文和一则非法的明文能够碰撞，攻击就可以先用合法明文生成散列值，再以非法明文作为该散列值的原始明文进行欺骗，而其他人将无法识别。因此攻击者的主要目标不是恢复原始的明文，而是用非法消息替代合法消息进行伪造和欺骗，对散列函数的攻击也就是寻找碰撞的过程。

我们知道，在资源受限的环境中可以使用 64 比特分组的轻量级分组密码来保护数据和通信的安全，相应地可能会认为 64 比特长度的散列函数也是比较安全的。因为攻击者若想对明文 M 进行伪造，他必须要找到一个不同的明文 M'，使得 $h(M)=h(M')$。如果攻击者要尝试 k 个不同的明文，那么 k 至少要多大才能使伪造成功的概率超过 $1/2$？

从表面上看，对 64 比特的散列函数，能够满足 $h(M)=h(M')$ 的概率是 $1/2^{64}$，与此相应，满足 $h(M)\neq h(M')$ 的概率是 $1-1/2^{64}$。所尝试的 k 个任意明文没有一个能够满足 $h(M)=h(M')$ 的概率是 $(1-1/2^{64})^k$，则至少有一个 M' 满足 $h(M)=h(M')$ 的概率是 $1-(1-1/2^{64})^k$。

由二项式定理

$$(1-a)^k=1-ka+\frac{k(k-1)}{2!}a^2-\frac{k(k-1)(k-2)}{3!}a^3+\cdots$$

可知，当 $a\rightarrow 0$ 时，$(1-a)^k\rightarrow(1-ka)$，至少有一个 M' 满足 $h(M)=h(M')$ 的概率可认为是 $k/2^{64}$。当 $k>2^{63}$ 时，这个概率会超过 $1/2$。

因此攻击者似乎至少要尝试 2^{63} 对明文，伪造成功的概率才能超过 $1/2$。2^{63} 的空间对密码分析来说足够大了，在一般的计算环境中还难以进行穷举。但事实上，攻击者通过其他方法，无须如此巨大的计算量就能完成伪造。对散列函数常见的攻击方法有生日攻击（Birthday Attack）、中间相遇攻击（Meet-in-the-Middle Attack），以及我国王小云教授提出的比特追踪法和明文修改技术。这里我们介绍前两种攻击的原理。

1）生日攻击

生日攻击来源于数学中的"生日悖论"（Birthday Paradox）。首先介绍一下"生日悖论"问题。

问题提出：一个房间内坐了 k 个人，当 k 多大时，两个人具有相同生日的概率大于 $1/2$？

大部分人可能会猜测，这个数字至少在 100 以上，但通过计算可以证明只要有 23 个人，找出两个人的生日是同一天的概率就已经超过了 $1/2$。

假定一年中有 365 天，k 个人的生日是 365 天中的某一天，k 个人的生日排列的总数目是 365^k，而 k 个人有不同生日的排列总数为 $N=P_k^{365}$，于是 k 个人有不同生日的概率为 $Q(k)=P_k^{365}/365^k$，则 k 个人中至少能找到两个人的生日为同一天的概率为 $P(k)=1-Q(k)=1-P_k^{365}/365^k$。可以计算得到当 $k=23$ 时，$P(k)=0.5073$，而当 $k=100$ 时，$P(k)=0.9999997$。因此，当人数超过 100 时，两个人具有相同的生日可以看作是必然事件。

其实，如果从 k 个人中抽出一个人，其他人与这个特定的人具有相同生日的概率是很小的，只有 $1/365$。而如果不指定特定的日期，仅仅是找两个生日相同的人，问题就变得容易多了，在相同的范围内成功的概率也就大多了。

对于 64 比特长度的散列值进行攻击，类似于以上问题。要找到与一则特定的明文具有相同散列值的另一则明文的概率很小，但不指定散列值，只是在两组明文中找到具有相同散列值的两个明文，问题就容易得多。

生日攻击的原理如下：

攻击者首先产生一份合法的明文，再通过改变写法或格式（如加入空格或使用不同的表达方式，但保持含义不变）来产生 2^{32} 个不同的明文变形及一个合法明文组。攻击者再产生一份要伪造签名的非法明文，使用以上的方法得到 2^{32} 个不同的非法明文变形，产生一个非法明文组；分别对以上两组明文产生散列值，在两组明文中找出具有相同散列值的一对明文。如果没有找到，则再增加每组明文变形的数目，直至找到。由以上"生日悖论"问题可知，其成功的概率很大。

于是，攻击者找到了一则与合法明文（至少内容合法）具有相同散列值的非法明文。

2）中间相遇攻击

通过中间相遇攻击，攻击者利用一对已知的明文和散列值，就可以任意伪造其他明文的散列值。攻击方法如下：

（1）对已知的明文 M 产生散列值 G；

（2）将非法明文 Q 按 $Q=Q_1Q_2\cdots Q_{n-2}$ 进行分组，每个分组长度为 64 比特；

（3）计算 $h_i=E_{Q_i}[h_{i-1}]$，$1\leqslant i\leqslant n-2$；

（4）任意产生 2^{32} 个不同的 x，对每个 x 计算 $E_x[h_{n-2}]$，再任意产生 2^{32} 个不同的 y，对每个 y 计算 $D_y[G]$，D 是对应于 E 的解密函数；

（5）找到一对对应的 x 和 y，使得 $E_x[h_{n-2}]=D_y[G]$；

（6）重新生成一个新的明文 $Q'=Q_1Q_2\cdots Q_{n-2}\ xy$。

容易验证，这个新的非法明文 Q' 将和原合法明文 M 具有相同的散列值。根据上述对"生日悖论"的讨论，找到一对使得 $E_x[h_{n-2}]=D_y[G]$ 的 x 和 y 的概率很大。因此，攻击者可以通过一对已知的明文和散列值来伪造具有相同散列值的非法明文。

3. 迭代型散列函数的结构

大多数散列函数都是迭代型的，如 MD5、SHA1、SM3 等散列函数。最具代表性的迭代型散列函数结构被称为 Merkle-Damgard(MD) 结构，如图 8-6 所示。这个结构最大的优点在于，如果压缩函数 f 是抗碰撞的，那么经过此结构处理后的散列函数也是抗碰撞的。

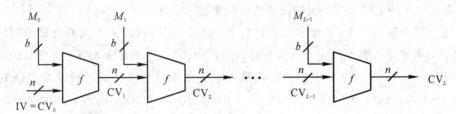

图 8-6　Merkle-Damgard 结构

MD 结构中，首先将明文 M 按照 $M=M_0M_1\cdots M_{L-1}$ 进行分组，其中 M_0，M_1，$\cdots$，M_{L-1} 具有 b 比特固定长度，如果最后一个分组的长度不够，则需要对其进行填充。最后一个分组中还包括整个消息的长度值，这将使得攻击更为困难，即攻击者如果想成功地伪造消息，就必须保证伪造消息的散列值与原消息的散列值相同，并且伪造消息的长度也要与原始消息的长度相同。

图 8-6 中，IV 为初始变量，CV 为链接变量，M_i 为第 i 个输入消息块，f 为压缩函数，n 为散列值的长度，b 为输入消息块的长度，$CV_0 = IV$ 为初始值，$CV_i = f(CV_{i-1}, M_{i-1})$，$1 \leqslant i \leqslant L$，$H(M) = CV_L$。初始值 IV 需要预先指定，最后一次迭代的链接变量 CV_L 即为生成的散列值。

基于以上结构的算法，其核心是设计抗碰撞的压缩函数 f，然而由于 f 具有压缩功能，并不是一一映射，其碰撞是不可避免的，这就需要在设计 f 时应保证找出其碰撞在计算上是不可行的。

8.3　MD5 算法

8.3.1　MD5 简介

MD5 算法（Message-Digest Algorithm 5，消息-摘要算法 5）是在 20 世纪 90 年代初由麻省理工学院计算机科学实验室（MIT Laboratory for Computer Science）和 RSA 数据安全公司（RSA Data Security Inc）的 Rivest 设计的，其设计方法源自 MD2、MD3 和 MD4。MD2、MD4 和 MD5 都可以对随机长度的明文产生一个 128 比特的摘要。MD2 是为 8 位机器设计的，而 MD4 和 MD5 是针对 32 位机器设计的。Rivest 在 1992 年 8 月向 Internet 工程工作小组（Internet Engineering Task Force，IETF）提交的 RFC1321（Request For Comments：1321）中对 MD5 作了详细描述。MD5 在 MD4 的基础上增加了 Safety-Belts 的概念，被称作"系有安全带的 MD4"。虽然 MD5 比 MD4 稍微慢一些，但却更为安全。

MD5 从诞生开始到 21 世纪初期一直是最为流行、用途最为广泛的散列函数。

MD5 算法对任意长度的明文能够产生 128 比特的散列值。MD5 算法的基本处理步骤为：对消息进行长度填充后，以 512 比特分组来处理输入的信息，每一分组又被划分为 16 个比特的子分组（Sub-Block），经过了一系列的运算以后，得到由四个 32 比特分组组成的输出值，将这四个 32 比特的分组级联后生成 128 比特的散列值。

MD5 算法首先需要对明文进行填充，使其比特长度对 512 求余的结果等于 448，信息的比特长度（Bits Length）将被扩展到 $n \times 512 + 448$ 比特或 $n \times 64 + 56$ 字节（Bytes），n 为一个正整数，即 Bits Length$\equiv$448 mod 512。对明文的填充方法为：第一个填充位为"1"，其余均为"0"，然后再将原明文的真实长度以 64 比特表示附加在填充结果的后面。现在的消息的长度为 $n \times 512 + 448 + 64 = (n+1) \times 512$ 比特，恰好是 512 比特的整数倍。

MD5 的算法步骤和分组密码的算法步骤相似，有 4 轮（Round）非常相似的运算，每一轮包括 16 个步骤（Step）。每个步骤的操作都针对四个 32 比特被称作链接变量（Chaining Variable）的整数参数进行。循环的次数为填充后明文的分组数目。经过 4 轮共 64 个步骤之后，最后所得的四个链接变量中的 128 比特就是当前明文分组的中间散列值。MD5 的运算流程如图 8-7 所示。

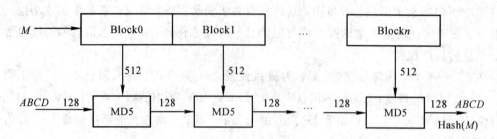

图 8-7　MD5 的运算流程

计算消息摘要时用到一个四个字长的缓冲区(A，B，C，D)。A、B、C、D 均为 32 比特的寄存器。第一个分组进行第一轮运算时，用以下十六进制数来初始化这四个寄存器：

$A = 0$x　01　23　45　67　　　　　　　$B = 0$x　89　ab　cd　ef

$C = 0$x　fe　dc　ba　98　　　　　　　$D = 0$x　76　54　32　10

定义四个非线性逻辑函数，在 MD5 的每一轮中用到一个。这四个函数分别以三个 32 比特的变量为输入值，输出一个 32 比特的值。MD5 操作流程如图 8-8 所示。

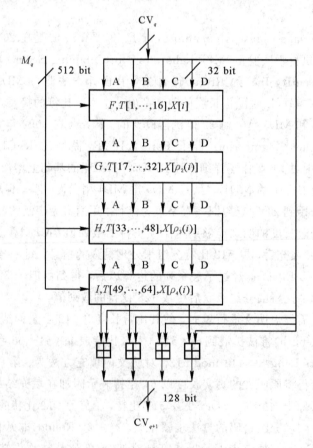

图 8-8　MD5 操作流程

第 1 轮：$F(X, Y, Z) = (X \text{ and } Y) \text{ or } (\text{not}(X) \text{ and } Z)$

第 2 轮：$G(X, Y, Z) = (X \text{ and } Z) \text{ or } (Y \text{ and not}(Z))$

第 3 轮：$H(X, Y, Z) = X \text{ xor } Y \text{ xor } Z$

第 4 轮：$I(X, Y, Z) = Y \text{ xor } (X \text{ or not}(Z))$

第一轮的第一步开始时，将上面四个链接变量复制到另外四个记录单元中：A 到 AA，B 到 BB，C 到 CC，D 到 DD。

设 $M[k]$ 表示消息的第 k 个子分组（从 0 到 15），$<<<s$ 表示循环左移 s 位。每次操作对 A、B、C 和 D 中的三个做一次非线性函数运算，然后将所得结果加上第四个变量，再将所得结果向右循环移位，并加上 A、B、C、D 中的一个，用该结果取代 A、B、C、D 中的一个。4 轮（64 步）操作如下：

第 1 轮

$FF(a, b, c, d, M[k], s, T[i])$　表示 $a = b + (a + (F(b, c, d) + M[k] + T[i]) <<< s)$

$(A, B, C, D, M[0], 7, 1)$	$(D, A, B, C, M[1], 12, 2)$	$(C, D, A, B, M[2], 17, 3)$	$(B, C, D, A, M[3], 22, 4)$
$(A, B, C, D, M[4], 7, 5)$	$(D, A, B, C, M[5], 12, 6)$	$(C, D, A, B, M[6], 17, 7)$	$(B, C, D, A, M[7], 22, 8)$
$(A, B, C, D, M[8], 7, 9)$	$(D, A, B, C, M[9], 12, 10)$	$(C, D, A, B, M[10], 17, 11)$	$(B, C, D, A, M[11], 22, 12)$
$(A, B, C, D, M[12], 7, 13)$	$(D, A, B, C, M[13], 12, 14)$	$(C, D, A, B, M[14], 17, 15)$	$(B, C, D, A, M[15], 22, 16)$

第 2 轮

$GG(a, b, c, d, M[k], s, T[i])$　表示 $a = b + (a + (G(b, c, d) + M[k] + T[i]) <<< s)$

$(A, B, C, D, M[1], 5, 17)$	$(D, A, B, C, M[6], 9, 18)$	$(C, D, A, B, M[11], 14, 19)$	$(B, C, D, A, M[0], 20, 20)$
$(A, B, C, D, M[5], 5, 21)$	$(D, A, B, C, M[10], 9, 22)$	$(C, D, A, B, M[15], 14, 23)$	$(B, C, D, A, M[4], 20, 24)$
$(A, B, C, D, M[9], 5, 25)$	$(D, A, B, C, M[14], 9, 26)$	$(C, D, A, B, M[3], 14, 27)$	$(B, C, D, A, M[8], 20, 28)$
$(A, B, C, D, M[13], 5, 29)$	$(D, A, B, C, M[2], 9, 30)$	$(C, D, A, B, M[7], 14, 31)$	$(B, C, D, A, M[12], 20, 32)$

第 3 轮

$HH(a, b, c, d, M[k], s, T[i])$　表示 $a = b + (a + (H(b, c, d) + M[k] + T[i]) <<< s)$

$(A, B, C, D, M[5], 4, 33)$	$(D, A, B, C, M[8], 11, 34)$	$(C, D, A, B, M[11], 16, 35)$	$(B, C, D, A, M[14], 23, 36)$
$(A, B, C, D, M[1], 4, 37)$	$(D, A, B, C, M[4], 11, 38)$	$(C, D, A, B, M[7], 16, 39)$	$(B, C, D, A, M[10], 23, 40)$
$(A, B, C, D, M[13], 4, 41)$	$(D, A, B, C, M[0], 11, 42)$	$(C, D, A, B, M[3], 16, 43)$	$(B, C, D, A, M[6], 23, 44)$
$(A, B, C, D, M[9], 4, 45)$	$(D, A, B, C, M[12], 11, 46)$	$(C, D, A, B, M[15], 16, 47)$	$(B, C, D, A, M[2], 23, 48)$

第 4 轮

$II(a, b, c, d, M[k], s, T[i])$　表示 $a = b + (a + (I(b, c, d) + M[k] + T[i]) <<< s)$

$(A, B, C, D, M[0], 6, 49)$	$(D, A, B, C, M[7], 10, 50)$	$(C, D, A, B, M[14], 15, 51)$	$(B, C, D, A, M[5], 21, 52)$
$(A, B, C, D, M[12], 6, 53)$	$(D, A, B, C, M[3], 10, 54)$	$(C, D A, B, M[10], 15, 55)$	$(B, C, D, A, M[1], 21, 56)$
$(A, B, C, D, M[8], 6, 57)$	$(D, A, B, C, M[15], 10, 58)$	$(C, D, A, B, M[6], 15, 59)$	$(B, C, D, A, M[13], 21, 60)$
$(A, B, C, D, M[4], 6, 61)$	$(D, A, B, C, M[11], 10, 62)$	$(C, D, A, B, M[2], 15, 63)$	$(B, C, D, A, M[9], 21, 64)$

在第 i 步中，$T[i]$ 是 $4294967296 \times abs(\sin(i))$ 的整数部分，i 的单位是弧度（4294967296 等于 2^{32}），参见表 8-1。

表 8-1 常数 $T[i]$

$T[1]=$D76AA478	$T[17]=$F61E2562	$T[33]=$GGFA3942	$T[49]=$F4292244
$T[2]=$E8C7B756	$T[18]=$C040B340	$T[34]=$8771F681	$T[50]=$432AGG97
$T[3]=$242070DB	$T[19]=$265E5A51	$T[35]=$69D96122	$T[51]=$AB9423A7
$T[4]=$C1BDCEEE	$T[20]=$E9B6C7AA	$T[36]=$FDE5380C	$T[52]=$FC93A039
$T[5]=$F57C0FAF	$T[21]=$D62F105D	$T[37]=$A4BEEA44	$T[53]=$655B59C3
$T[6]=$4787C62A	$T[22]=$02441453	$T[38]=$4BDECFA9	$T[54]=$8F0CCC92
$T[7]=$A8304613	$T[23]=$D8A1E681	$T[39]=$F6BB4B60	$T[55]=$GGEGG47D
$T[8]=$FD469501	$T[24]=$B7D3FBC8	$T[40]=$BEBFBC70	$T[56]=$85845DD1
$T[9]=$698098D8	$T[25]=$21E1CDE6	$T[41]=$289B7EC6	$T[57]=$6FA87E4F
$T[10]=$8B44F7AF	$T[26]=$C33707D6	$T[42]=$EAA127FA	$T[58]=$FE2CE6E0
$T[11]=$GGGG5BB1	$T[27]=$F4D50D87	$T[43]=$D4EF3085	$T[59]=$A3014314
$T[12]=$895CD7BE	$T[28]=$455A14ED	$T[44]=$04881D05	$T[60]=$4E0811A1
$T[13]=$6B901122	$T[29]=$A9E3E905	$T[45]=$D9B4D039	$T[61]=$F7537E82
$T[14]=$FD987193	$T[30]=$FCEFA3F8	$T[46]=$E6BD99E5	$T[62]=$BD3AF235
$T[15]=$A679438E	$T[31]=$676F02D9	$T[47]=$1FA27CF8	$T[63]=$2AD7D2BB
$T[16]=$49B40821	$T[32]=$8D2A4C8A	$T[48]=$C4AC5665	$T[64]=$EB86D391

第 4 轮的最后一步完成后，再作运算：

$$A=A+AA$$
$$B=B+BB$$
$$C=C+CC$$
$$D=D+DD$$

以上"+"均指模 2^{32} 的加运算。

A、B、C、D 的值作为下一个消息分组运算时的初始值。最后一个消息分组得到的输出 A、B、C 和 D 级联成为 128 比特的消息散列值。

以下是由 MD5 求得的散列值的例子：

MD5("a")＝0cc175b9c0f1b6a831c399e269772661

MD5("message digest")＝f96b697d7cb7938d525a2f31aaf161d0

MD5("abcdefghijklmnopqrstuvwxyz")＝c3fcd3d76192e4007dfb496cca67e13b

MD5("123456789012345678901234567890123456789012345678901234567890123456789
01234567890")＝57edf4a22be3c955ac49da2e2107b67a

MD5（"网络与信息系统安全"）＝2796c6868e20ef9ccc1b4a2d6901f68f

8.3.2　MD5 的安全性

MD5 的设计者 Rivest 曾经猜测，MD5 作为 128 比特长的 Hash 函数，MD5 的安全强度达到了最大，即：要找出两个具有相同散列值的不同消息，其复杂度为 $O(2^{64})$，而要找出具有给定散列值的一个消息，其复杂度为 $O(2^{128})$。但现有的密码分析结果显示，MD5是不安全的。目前，对 MD5 的攻击主要有以下结果：

（1）Berson 已经证明，对单轮的 MD5 散列算法使用差分密码分析，可在合理的时间内找出散列值相同的两个消息，这一结果对 MD5 的 4 轮运算的每一轮都成立，但是尚不能说明如何将这种攻击推广到具有 4 轮运算的 MD5 上。

（2）Boer 和 Bosselaers 说明了如何找到消息分组 X 和两个相关的链接变量（缓冲区变量 A、B、C、D），使得算法产生相同的输出，目前这种攻击尚未推广到整个 MD5 算法。

（3）Dobbertin 提出了对 MD5 的压缩函数产生碰撞的方法，但是该攻击尚不能推广到使用初始变量 IV 时对整个消息运行该算法的情况。

（4）王小云教授的算法在预定时间内找到了 MD5 的碰撞，给出了两个不同的消息 m_1和 m_2，它们具有相同的散列值，进而否定了 Rivest 的猜测。

基于 MD5 的安全性受到了来自密码分析的严重威胁，同时计算能力的增强使得 MD5的生日攻击界 $O(2^{64})$ 越来越难以满足安全需求，在安全强度要求较高的系统中，应避免MD5 的使用。同时，需要寻找新的散列函数，使其产生的散列值更长，且抵抗已知密码分析的能力更强。

8.4　SHA - 1 算法

8.4.1　SHA 简介

1993 年美国国家标准与技术研究院（NIST）公布了散列算法 SHA。SHA 曾经被美国政府核准作为标准，即 FIPS 180 Secure Hash Standard（SHS）。FIPS 规定用 SHA 实施数字签名算法，该算法主要是和数字签名算法（DSA）配合使用。很快在 SHA 算法中发现了弱点，1994 年 NIST 公布了 SHA 的改进版 SHA - 1，即 FIPS 180 - 1 Secure Hash Standard（SHS），取代了 SHA。SHA - 1 的设计思想基于 MD4，因此在很多方面与 MD5算法有相似之处。SHA - 1 对任意长度的明文可以生成 160 比特的消息摘要。2005 年 11月，在 NIST 举办的国际 Hash 函数研讨会上，我国密码学专家王小云教授公布了针对SHA - 1 的有效攻击，NIST 宣布美国联邦机构在 2010 年前必须停止 SHA - 1 在电子签名等基于无碰撞特性的密码应用，并于 2007 年启动了国际 Hash 函数新标准 SHA - 3 的五年计划。2012 年 10 月，NIST 宣布 Keccak 算法为新一代的散列函数，称为 SHA - 3 散列算法。2017 年 2 月，谷歌公司与 CWI Amsterdam 发布了一份内容不同但 SHA - 1 散列值相同的 PDF 文件，代表着 SHA - 1 算法已经彻底无法应用。

8.4.2　SHA - 1 描述

SHA - 1 对明文的处理和 MD5 相同，第一个填充位为"1"，其余填充位均为"0"，然后

将原始明文的真实长度表示为 64 比特并附加在填充结果后面。填充后明文的长度为 512
的整数倍。填充完毕后，明文被按照 512 比特分组（Block）。

SHA－1 操作的循环次数为明文的分组数，对每一个明文分组的操作有 4 轮，每轮 20
个步骤，共 80 个步骤。每一步操作对 5 个 32 比特的寄存器（记录单元）进行。这 5 个工作
变量（记录单元、链接变量）的初始值如下：

$$H_0 = 0x67452301 \quad H_1 = 0xEFCDAB89 \quad H_2 = 0x98BADCFE$$
$$H_3 = 0x10325476 \quad H_4 = 0xC3D2E1F0$$

SHA－1 中使用了一组逻辑函数 f_t（t 表示操作的步骤数，$0 \leqslant t \leqslant 79$）。每个逻辑函数均
对三个 32 比特的变量 B、C、D 进行操作，产生一个 32 比特的输出。逻辑函数 $f_t(B, C, D)$
定义如下：

$$f_t(B, C, D) = (B \text{ and } C) \text{ or } (\text{not}(B) \text{ and } D) \quad (0 \leqslant t \leqslant 19)$$
$$f_t(B, C, D) = B \text{ xor } C \text{ xor } D \quad (20 \leqslant t \leqslant 39)$$
$$f_t(B, C, D) = (B \text{ and } C) \text{ or} (B \text{ and } D) \text{ or} (C \text{ and } D) \quad (40 \leqslant t \leqslant 59)$$
$$f_t(B, C, D) = B \text{ xor } C \text{ xor } D \quad (60 \leqslant t \leqslant 79)$$

SHA－1 中同时用到了一组常数 K_t（t 表示操作的步骤数，$0 \leqslant t \leqslant 79$），每个步骤使用
一个。这一组常数的定义如下：

$$K_t = 0x\ 5A827999 (0 \leqslant t \leqslant 19) \quad K_t = 0x\ 6ED9EBA1 (20 \leqslant t \leqslant 39)$$
$$K_t = 0x\ 8F1BBCDC (40 \leqslant t \leqslant 59) \quad K_t = 0x\ CA62C1D6 (60 \leqslant t \leqslant 79)$$

将明文按照规则填充，然后按照 512 比特分组为 $M(1)$，$M(2)$，$\cdots$，$M(n)$，对每个
512 比特的明文分组 $M(i)$ 操作的步骤如下：

（1）将一个 512 比特的明文分组分成 16 个 32 比特的子分组 M_0，M_1，$\cdots$，M_{15}，其中
M_0 为最左边的一个子分组；

（2）按照以下法则将 16 个子分组变换成 80 个 32 比特的分组 W_0，W_1，$\cdots$，W_{79}：

① $W_t = M_t$，$0 \leqslant t \leqslant 15$；

② $W_t = W_{t-3} \text{ xor } W_{t-8} \text{ xor } W_{t-14} \text{ xor } W_{t-16}$，$16 \leqslant t \leqslant 79$。

（3）将五个工作变量中的数据复制到另外五个记录单元中：令 $A = H_0$，$B = H_1$，$C = H_2$，
$D = H_3$，$E = H_4$；

（4）进行 4 轮共 80 个步骤的操作，t 表示操作的步骤数，$0 \leqslant t \leqslant 79$：

$$\text{TEMP} = A <<< 5 + f_t(B, C, D) + E + W_t + K_t$$
$$E = D$$
$$D = C$$
$$C = B <<< 30$$
$$B = A$$
$$A = \text{TEMP};$$

（5）第 4 轮的最后一步完成后，再作运算：

$$H_0 = H_0 + A \qquad H_1 = H_1 + B \qquad H_2 = H_2 + C$$
$$H_3 = H_3 + D \qquad H_4 = H_4 + E$$

以上"＋"均指模 2^{32} 的加运算。

所得到的五个记录单元中的 H_0，H_1，H_2，H_3，H_4，成为下一个分组处理时的初始

值。最后一个明文分组处理完毕时，五个工作中的数值级联成为最终的散列值。SHA－1
操作流程如图 8－9 所示。

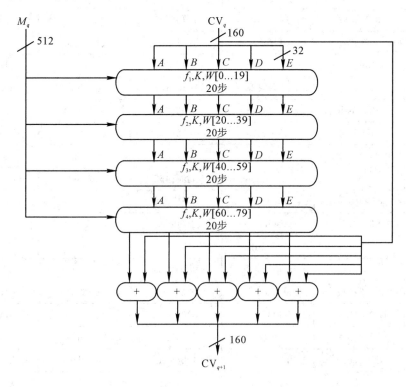

图 8－9　SHA－1 操作流程

8.4.3　SHA－1 举例

对如下多分组明文计算产生消息摘要。

$M=$ "abcdbcdecdefdefgefghfghighijhijkijkljklmklmnlmnomnopnopq"。

对明文预处理：

将这则明文消息的 ASCII 值用二进制表示，得消息长度 $l=448$。首先对明文进行填充，在原明文后补 1 比特的"1"，再补 511 比特的"0"，然后接上用两个字长（64 比特）表示原始消息的长度：00000000 000001c0。将填充后的明文分为 512 比特的明文分组，得 $N=2$。

初始化工作变量 $H^{(0)}$：

$H_0^{(0)}=0$x 67452301　　　$H_1^{(0)}=0$x efcdab89　　　$H_2^{(0)}=0$x 98badcfe

$H_3^{(0)}=0$x 10325476　　　$H_4^{(0)}=0$x c3d2e1f0

将第一个明文分组 $M(1)$ 再分为 16 个子分组 W_0，$\cdots$，W_{15}，建立消息表：

$W_0=61626364$　　　$W_1=62636465$　　　$W_2=63646566$　　　$W_3=64656667$

$W_4=65666768$　　　$W_5=66676869$　　　$W_6=6768696a$　　　$W_7=68696a6b$

$W_8=696a6b6c$　　　$W_9=6a6b6c6d$　　　$W_{10}=6b6c6d6e$　　　$W_{11}=6c6d6e6f$

$W_{12}=6d6e6f70$　　　$W_{13}=6e6f7071$　　　$W_{14}=80000000$　　　$W_{15}=00000000$

第 $t(t=0\sim79)$ 个步骤完成后，工作变量的中间值参考表 8－2。

表 8 - 2　工作变量的中间值(1)

t	a	b	c	d	e
0	0116fc17	67452301	7bf36ae2	98badcfe	10325476
1	ebf3b452	0116fc17	59d148c0	7bf36ae2	98badcfe
2	5109913a	ebf3b452	c045bf05	59d148c0	7bf36ae2
3	2c4f6eac	5109913a	bafced14	c045bf05	59d148c0
4	33f4ae5b	2c4f6eac	9442644e	bafced14	c045bf05
5	96b85189	33f4ae5b	0b13dbab	9442644e	bafced14
6	db04cb58	96b85189	ccfd2b96	0b13dbab	9442644e
7	45833f0f	db04cb58	65ae1462	ccfd2b96	0b13dbab
8	c565c35e	45833f0f	36c132d6	65ae1462	ccfd2b96
9	6350afda	c565c35e	d160cfc3	36c132d6	65ae1462
10	8993ea77	6350afda	b15970d7	d160cfc3	36c132d6
11	e19ecaa2	8993ea77	98d42bf6	b15970d7	d160cfc3
12	8603481e	e19ecaa2	e264fa9d	98d42bf6	b15970d7
13	32f94a85	8603481e	b867b2a8	e264fa9d	98d42bf6
14	b2e7a8be	32f94a85	a180d207	b867b2a8	e264fa9d
15	42637e39	b2e7a8be	4cbe52a1	a180d207	b867b2a8
16	6b068048	42637e39	acb9ea2f	4cbe52a1	a180d207
17	426b9c35	6b068048	5098df8e	acb9ea2f	4cbe52a1
18	944b1bd1	426b9c35	1ac1a012	5098df8e	acb9ea2f
19	6c445652	944b1bd1	509ae70d	1ac1a012	5098df8e
20	95836da5	6c445652	6512c6f4	509ae70d	1ac1a012
21	09511177	95836da5	9b111594	6512c6f4	509ae70d
22	e2b92dc4	09511177	6560db69	9b111594	6512c6f4
23	fd224575	e2b92dc4	c254445d	6560db69	9b111594
24	eeb82d9a	fd224575	38ae4b71	c254445d	6560db69
25	5a142c1a	eeb82d9a	7f48915d	38ae4b71	c254445d
26	2972f7c7	5a142c1a	bbae0b66	7f48915d	38ae4b71
27	d526a644	2972f7c7	96850b06	bbae0b66	7f48915d
28	e1122421	d526a644	ca5cbdf1	96850b06	bbae0b66
29	05b457b2	e1122421	3549a991	ca5cbdf1	96850b06
30	a9c84bec	05b457b2	78448908	3549a991	ca5cbdf1
31	52e31f60	a9c84bec	816d15ec	78448908	3549a991
32	5af3242c	52e31f60	2a7212fb	816d15ec	78448908

t	a	b	c	d	e
33	31c756a9	5af3242c	14b8c7d8	2a7212fb	816d15ec
34	e9ac987c	31c756a9	16bcc90b	14b8c7d8	2a7212fb
35	ab7c32ee	e9ac987c	4c71d5aa	16bcc90b	14b8c7d8
36	5933fc99	ab7c32ee	3a6b261f	4c71d5aa	16bcc90b
37	43f87ae9	5933fc99	aadf0cbb	3a6b261f	4c71d5aa
38	24957f22	43f87ae9	564cff26	aadf0cbb	3a6b261f
39	adeb7478	24957f22	50fe1eba	564cff26	aadf0cbb
40	d70e5010	adeb7478	89255fc8	50fe1eba	564cff26
41	79bcfb08	d70e5010	2b7add1e	89255fc8	50fe1eba
42	f9bcb8de	79bcfb08	35c39404	2b7add1e	89255fc8
43	633e9561	f9bcb8de	1e6f3ec2	35c39404	2b7add1e
44	98c1ea64	633e9561	be6f2e37	1e6f3ec2	35c39404
45	c6ea241e	98c1ea64	58cfa558	be6f2e37	1e6f3ec2
46	a2ad4f02	c6ea241e	26307a99	58cfa558	be6f2e37
47	c8a69090	a2ad4f02	b1ba8907	26307a99	58cfa558
48	88341600	c8a69090	a8ab53c0	b1ba8907	26307a99
49	7e846f58	88341600	3229a424	a8ab53c0	b1ba8907
50	86e358ba	7e846f58	220d0580	3229a424	a8ab53c0
51	8d2e76c8	86e358ba	1fa11bd6	220d0580	3229a424
52	ce892e10	8d2e76c8	a1b8d62e	1fa11bd6	220d0580
53	edea95b1	ce892e10	234b9db2	a1b8d62e	1fa11bd6
54	36d1230a	edea95b1	33a24b84	234b9db2	a1b8d62e
55	776c3910	36d1230a	7b7aa56c	33a24b84	234b9db2
56	a681b723	776c3910	8db448c2	7b7aa56c	33a24b84
57	ac0a794f	a681b723	1ddb0e44	8db448c2	7b7aa56c
58	f03d3782	ac0a794f	e9a06dc8	1ddb0e44	8db448c2
59	9ef775c3	f03d3782	eb029e53	e9a06dc8	1ddb0e44
60	36254b13	9ef775c3	bc0f4de0	eb029e53	e9a06dc8
61	4080d4dc	36254b13	e7bddd70	bc0f4de0	eb029e53
62	2bfaf7a8	4080d4dc	cd8952c4	e7bddd70	bc0f4de0
63	513f9ca0	2bfaf7a8	10203537	cd8952c4	e7bddd70
64	e5895c81	513f9ca0	0afebdea	10203537	cd8952c4
65	1037d2d5	e5895c81	144fe728	0afebdea	10203537

t	a	b	c	d	e
66	14a82da9	1037d2d5	79625720	144fe728	0afebdea
67	6d17c9fd	14a82da9	440df4b5	79625720	144fe728
68	2c7b07bd	6d17c9fd	452a0b6a	440df4b5	79625720
69	fdf6efff	2c7b07bd	5b45f27f	452a0b6a	440df4b5
70	112b96e3	fdf6efff	4b1ec1ef	5b45f27f	452a0b6a
71	84065712	112b96e3	ff7dbbff	4b1ec1ef	5b45f27f
72	ab89fb71	84065712	c44ae5b8	ff7dbbff	4b1ec1ef
73	c5210e35	ab89fb71	a10195c4	c44ae5b8	ff7dbbff
74	352d9f4b	c5210e35	6ae27edc	a10195c4	c44ae5b8
75	1a0e0e0a	352d9f4b	7148438d	6ae27edc	a10195c4
76	d0d47349	1a0e0e0a	cd4b67d2	7148438d	6ae27edc
77	ad38620d	d0d47349	86838382	cd4b67d2	7148438d
78	d3ad7c25	ad38620d	74351cd2	86838382	cd4b67d2
79	8ce34517	d3ad7c25	6b4e1883	74351cd2	86838382

分组 1 处理完毕后，中间散列值 $H^{(1)}$ 为

$$H_0^{(1)} = 67452301 + 8ce34517 = f4286818$$

$$H_1^{(1)} = efcdab89 + d3ad7c25 = c37b27ae$$

$$H_2^{(1)} = 98badcfe + 6b4e1883 = 0408f581$$

$$H_3^{(1)} = 10325476 + 74351cd2 = 84677148$$

$$H_4^{(1)} = c3d2e1f0 + 86838382 = 4a566572$$

将第二个明文分组 $M(2)$ 分为 16 个子分组，建立消息表 $W_0, \cdots, W_{15}$：

$W_0 = 00000000$	$W_1 = 00000000$	$W_2 = 00000000$	$W_3 = 00000000$
$W_4 = 00000000$	$W_5 = 00000000$	$W_6 = 00000000$	$W_7 = 00000000$
$W_8 = 00000000$	$W_9 = 00000000$	$W_{10} = 00000000$	$W_{11} = 6c6d6e6f$
$W_{12} = 00000000$	$W_{13} = 00000000$	$W_{14} = 00000000$	$W_{15} = 000001c0$

第 $t(t=0\sim79)$ 个步骤完成后，工作变量的中间值参考表 8-3。

表 8-3 工作变量的中间值(2)

t	a	b	c	d	e
0	2df257e9	f4286818	b0dec9eb	0408f581	84677148
1	4d3dc58f	2df257e9	3d0a1a06	b0dec9eb	0408f581
2	c352bb05	4d3dc58f	4b7c95fa	3d0a1a06	b0dec9eb
3	eef743c6	c352bb05	d34f7163	4b7c95fa	3d0a1a06
4	41e34277	eef743c6	70d4aec1	d34f7163	4b7c95fa

续表一

t	a	b	c	d	e
5	5443915c	41e34277	bbbdd0f1	70d4aec1	d34f7163
6	e7fa0377	5443915c	d078d09d	bbbdd0f1	70d4aec1
7	c6946813	e7fa0377	1510e457	d078d09d	bbbdd0f1
8	fdde1de1	c6946813	f9fe80dd	1510e457	d078d09d
9	b8538aca	fdde1de1	f1a51a04	f9fe80dd	1510e457
10	6ba94f63	b8538aca	7f778778	f1a51a04	f9fe80dd
11	43a2792f	6ba94f63	ae14e2b2	7f778778	f1a51a04
12	fecd7bbf	43a2792f	daea53d8	ae14e2b2	7f778778
13	a2604ca8	fecd7bbf	d0e89e4b	daea53d8	ae14e2b2
14	258b0baa	a2604ca8	ffb35eef	d0e89e4b	daea53d8
15	d9772360	258b0baa	2898132a	ffb35eef	d0e89e4b
16	5507db6e	d9772360	8962c2ea	2898132a	ffb35eef
17	a51b58bc	5507db6e	365dc8d8	8962c2ea	2898132a
18	c2eb709f	a51b58bc	9541f6db	365dc8d8	8962c2ea
19	d8992153	c2eb709f	2946d62f	9541f6db	365dc8d8
20	37482f5f	d8992153	f0badc27	2946d62f	9541f6db
21	ee8700bd	37482f5f	f6264854	f0badc27	2946d62f
22	9ad594b9	ee8700bd	cdd20bd7	f6264854	f0badc27
23	8fbaa5b9	9ad594b9	7ba1c02f	cdd20bd7	f6264854
24	88fb5867	8fbaa5b9	66b5652e	7ba1c02f	cdd20bd7
25	eec50521	88fb5867	63eea96e	66b5652e	7ba1c02f
26	50bce434	eec50521	e23ed619	63eea96e	66b5652e
27	5c416daf	50bce434	7bb14148	e23ed619	63eea96e
28	2429be5f	5c416daf	142f390d	7bb14148	e23ed619
29	0a2fb108	2429be5f	d7105b6b	142f390d	7bb14148
30	17986223	0a2fb108	c90a6f97	d7105b6b	142f390d
31	8a4af384	17986223	028bec42	c90a6f97	d7105b6b
32	6b629993	8a4af384	c5e61888	028bec42	c90a6f97
33	f15f04f3	6b629993	2292bce1	c5e61888	028bec42
34	295cc25b	f15f04f3	dad8a664	2292bce1	c5e61888
35	696da404	295cc25b	fc57c13c	dad8a664	2292bce1
36	cef5ae12	696da404	ca573096	fc57c13c	dad8a664
37	87d5b80c	cef5ae12	1a5b6901	ca573096	fc57c13c

t	a	b	c	d	e
38	84e2a5f2	87d5b80c	b3bd6b84	1a5b6901	ca573096
39	03bb6310	84e2a5f2	21f56e03	b3bd6b84	1a5b6901
40	c2d8f75f	03bb6310	a138a97c	21f56e03	b3bd6b84
41	bfb25768	c2d8f75f	00eed8c4	a138a97c	21f56e03
42	28589152	bfb25768	f0b63dd7	00eed8c4	a138a97c
43	ec1d3d61	28589152	2fec95da	f0b63dd7	00eed8c4
44	3caed7af	ec1d3d61	8a162454	2fec95da	f0b63dd7
45	c3d033ea	3caed7af	7b074f58	8a162454	2fec95da
46	7316056a	c3d033ea	cf2bb5eb	7b074f58	8a162454
47	46f93b68	7316056a	b0f40cfa	cf2bb5eb	7b074f58
48	dc8e7f26	46f93b68	9cc5815a	b0f40cfa	cf2bb5eb
49	850d411c	dc8e7f26	11be4eda	9cc5815a	b0f40cfa
50	7e4672c0	850d411c	b7239fc9	11be4eda	9cc5815a
51	89fbd41d	7e4672c0	21435047	b7239fc9	11be4eda
52	1797e228	89fbd41d	1f919cb0	21435047	b7239fc9
53	431d65bc	1797e228	627ef507	1f919cb0	21435047
54	2bdbb8cb	431d65bc	05e5f88a	627ef507	1f919cb0
55	6da72e7f	2bdbb8cb	10c7596f	05e5f88a	627ef507
56	a8495a9b	6da72e7f	caf6ee32	10c7596f	05e5f88a
57	e785655a	a8495a9b	db69cb9f	caf6ee32	10c7596f
58	5b086c42	e785655a	ea1256a6	db69cb9f	caf6ee32
59	a65818f7	5b086c42	b9e15956	ea1256a6	db69cb9f
60	7aab101b	a65818f7	96c21b10	b9e15956	ea1256a6
61	93614c9c	7aab101b	e996063d	96c21b10	b9e15956
62	f66d9bf4	93614c9c	deaac406	e996063d	96c21b10
63	d504902b	f66d9bf4	24d85327	deaac406	e996063d
64	60a9da62	d504902b	3d9b66fd	24d85327	deaac406
65	8b687819	60a9da62	f541240a	3d9b66fd	24d85327
66	083e90c3	8b687819	982a7698	f541240a	3d9b66fd
67	f6226bbf	083e90c3	62da1e06	982a7698	f541240a
68	76c0563b	f6226bbf	c20fa430	62da1e06	982a7698
69	989dd165	76c0563b	fd889aef	c20fa430	62da1e06
70	8b2c7573	989dd165	ddb0158e	fd889aef	c20fa430

t	a	b	c	d	e
71	ae1b8e7b	8b2c7573	66277459	ddb0158e	fd889aef
72	ca1840de	ae1b8e7b	e2cb1d5c	66277459	ddb0158e
73	16f3babb	ca1840de	eb86e39e	e2cb1d5c	66277459
74	d28d83ad	16f3babb	b2861037	eb86e39e	e2cb1d5c
75	6bc02dfe	d28d83ad	c5bceeae	b2861037	eb86e39e
76	d3a6e275	6bc02dfe	74a360eb	c5bceeae	b2861037
77	da955482	d3a6e275	9af00b7f	74a360eb	c5bceeae
78	58c0aac0	da955482	74e9b89d	9af00b7f	74a360eb
79	906fd62c	58c0aac0	b6a55520	74e9b89d	9af00b7f

分组 2 处理完毕后，中间散列值 $H^{(2)}$ 为

$$H_0^{(2)} = \text{f4286818} + \text{906fd62c} = \text{84983e44}$$
$$H_1^{(2)} = \text{c37b27ae} + \text{58c0aac0} = \text{1c3bd26e}$$
$$H_2^{(2)} = \text{0408f581} + \text{b6a55520} = \text{baae4aa1}$$
$$H_3^{(2)} = \text{84677148} + \text{74e9b89d} = \text{f95129e5}$$
$$H_4^{(2)} = \text{4a566572} + \text{9af00b7f} = \text{e54670f1}.$$

最终得到的 160 比特消息摘要为：84983e44 1c3bd26e baae4aa1 f95129e5 e54670f1。

8.5　SM3 杂凑算法

8.5.1　SM3 杂凑算法简介

SM3 散列函数也称为 SM3 杂凑函数。2012 年 12 月，国家密码管理局发布了《SM3 密码杂凑算法》。SM3 杂凑算法于 2012 年被发布为密码行业标准（GM/T 0004—2012），2016 年被发布为国家标准（GB/T 32905—2016）。2018 年 10 月，含有我国《SM3 密码杂凑算法》的 ISO/IEC 10118-3：2018《信息安全技术杂凑函数第 3 部分：专用杂凑函数》第 4 版由 ISO 发布，SM3 杂凑算法正式成为国际标准。SM3 杂凑算法可用于数字签名、完整性保护、安全认证、口令保护等。

SM3 杂凑算法基于 MD 结构，可将长度为 $l(l<2^{64})$ 比特的消息 m 压缩成 256 比特的散列值。

1. 消息填充与扩展

假设消息 m 的长度为 l 比特，首先将比特"1"添加到消息的末尾，再添加 k 个"0"，k 为满足 $l+1+k=448(\bmod 512)$ 的最小非负整数，然后再添加一个长度为 64 的比特串，该比特串为明文消息长度 l 的二进制表示。填充后消息 m' 的比特长度为 512 的倍数。

例 8-1　对明文 $m=001100110011$ 进行填充，其长度为 12，经填充得到长度为 512 的比特串为

$$\underbrace{0011001100111}\ \overbrace{00\cdots0000\cdots01100}^{\substack{435\ \text{bit}\quad 64\ \text{bit}}}$$

将填充后的消息 m' 按照 512 比特进行分组，一共可以分成 $n=(l+k+65)/512$ 组，设 $m'=B^{(0)}B^{(1)}\cdots B^{(n-1)}$，将 $B^{(i)}$ 按以下方式扩展成 132 个字，即 W_0，W_1，$\cdots$，W_{67}，W'_0，$W'_1\cdots$，W'_{63}。

(1) 将消息分组 $B^{(i)}$ 划分为 16 个字 32 比特字 W_0，W_1，$\cdots$，W_{15}；

(2) 执行循环生成 W_{16}，W_{17}，$\cdots$，W_{67}；

　　　for $j=16$ to 67

　　　　　$W_j \leftarrow P_1(W_{j-16}\oplus W_{j-9}\oplus(W_{j-3}<<<15))\oplus(W_{j-13}<<<7)\oplus W_{j-6}$

　　　endfor

(3) 执行循环生成 W'_0，$W'_1\cdots$，W'_{63}。

　　　for $j=0$ to 63

　　　　　$W'_j=W_j\oplus W_{j+4}$

　　　endfor

SM3 的消息扩展过程如图 8-10 所示。

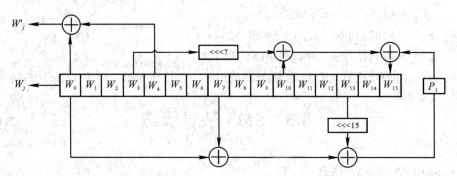

图 8-10　SM3 消息扩展过程

2. 压缩函数

令 A、B、C、D、E、F、G、H 为字寄存器，SS1、SS2、TT1、TT2 为中间变量，压缩函数 $V^{i+1}=\mathrm{CF}(V^{(i)},B^{(i)})$，$0\leqslant i\leqslant n-1$，具体过程如下：

　　　ABCDEFGH$\leftarrow V^{(i)}$

　　　for $j=0$ to 63

　　　　　SS1$\leftarrow((A<<<12)+E+(T_j<<<j))<<<7$

　　　　　SS2$\leftarrow$SS1$\oplus(A<<<12)$

　　　　　TT1$\leftarrow$FF$_j(A,B,C)+D+$SS2$+W'_j$

　　　　　TT2$\leftarrow$GG$_j(E,F,G)+H+$SS1$+W_j$

　　　　　D$\leftarrow$C

　　　　　C$\leftarrow$B$<<<9$

　　　　　B$\leftarrow$A

　　　　　A$\leftarrow$TT1

$$H \leftarrow G$$

$$G \leftarrow F <<< 19$$

$$F \leftarrow E$$

$$E \leftarrow P_0(TT2)$$

endfor

$$V^{(i+1)} \leftarrow ABCDEFG \oplus V^{(i)}$$

其中，$\oplus$ 表示异或操作，$<<<k$ 表示循环左移 k 比特，$+$ 表示 mod2^{32} 算数加，$\leftarrow$ 是左向赋值运算符。SM3 压缩函数流程如图 8–11 所示。

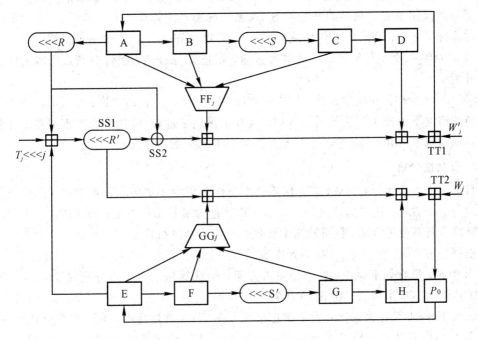

图 8–11　SM3 压缩函数流程

3. 算法中的参数与函数

SM3 算法中，压缩函数寄存器的初始状态由 256 比特的初始变量 IV 决定，IV 的具体值为

$$7380166F \quad 4914B2B9 \quad 172442D7 \quad DA8A0600$$

$$A96F30BC \quad 163138AA \quad E38DEE4d \quad B0FB0E4E$$

对 SM3 算法中的常量 T_j 定义如下：

$$T_j = \begin{cases} 79CC4519, & 0 \leqslant j \leqslant 15 \\ 7A879D8A, & 16 \leqslant j \leqslant 63 \end{cases}$$

压缩函数中的布尔函数 FF_j 与 GG_j 定义如下：

$$FF_j = \begin{cases} X \oplus Y \oplus Z, & 0 \leqslant j \leqslant 15 \\ (X \wedge Y) \vee (X \wedge Z) \vee (Y \wedge Z), & 16 \leqslant j \leqslant 63 \end{cases}$$

$$GG_j = \begin{cases} X \oplus Y \oplus Z, & 0 \leqslant j \leqslant 15 \\ (X \wedge Y) \vee (\neg X \wedge Z), & 16 \leqslant j \leqslant 63 \end{cases}$$

SM3 算法中的置换函数定义如下：

$$P_0(X) = X \oplus (X <<< 9) \oplus (X <<< 17)$$
$$P_1(X) = X \oplus (X <<< 15) \oplus (X <<< 23)$$

其中，X、Y、Z 为字，$\land$、$\lor$、$\lnot$ 分别表示与、或、非操作。

8.5.2　SM3 杂凑算法的特点与安全性

1. 特点

SM3 杂凑算法的压缩函数整体结构与 SHA-256 相似。SHA-256 是美国标准技术研究所和美国国家安全局共同开发的 SHA 系列标准杂凑算法之一，但是 SM3 增加了多种新的设计技术，包括 16 步全异或操作、消息双字介入、快速雪崩效应的 P 置换等。SM3 算法能够有效地避免高概率的局部碰撞，抵抗差分分析、线性分析、比特追踪法等密码分析。

SM3 算法合理使用字加运算，构成 4 级进位加流水，采用 P_0 置换，在没有显著增加硬件开销的情况下加速了算法的雪崩效应。该算法采用了适合 32 比特微处理器和 8 比特智能卡实现的基本运算，具有跨平台实现的高效性和广泛的适用性。

2. 安全性分析

目前公开发表的针对 SM3 杂凑算法的安全性分析主要集中在碰撞攻击、原像攻击和区分攻击三个方面。比特追踪法是寻找杂凑算法碰撞最常用的方法，原像攻击主要采用中间相遇攻击及其改进方法，区分攻击主要使用飞去来器进行攻击。

根据公开的研究结果，SM3 杂凑算法与其他杂凑标准 SHA-1、SHA-256 和 Keccak 相比，具有如下结论：在碰撞攻击方面，SM3 算法的攻击百分比仅比 Keccak 算法高，比其他杂凑标准都低，在 SHA 类算法中最低；在原像攻击方面，SM3 算法的攻击百分比仅比 Keccak 算法高，比其他杂凑标准低，在 SHA 类算法中最低；在区分攻击方面，SM3 算法均比其他杂凑标准低。攻击百分比表示能够攻击成功的最大步（轮）数占算法总步（轮）数的比值，对比情况参考表 8-4。这些分析成果体现了 SM3 杂凑算法的高安全性。

表 8-4　SM3 杂凑算法和其他杂凑标准对比

算法	攻击类型	步（轮）数	百分比/%
SM3	碰撞攻击	20	31
	原像攻击	30	47
	区分攻击	37	58
SHA-1	碰撞攻击	80	100
	原像攻击	62	77.5
SHA-256	碰撞攻击	31	48.4
	原像攻击	45	70.3
	区分攻击	47	73.4

算法	攻击类型	步(轮)数	百分比/%
Keccak - 256	碰撞攻击	5	20.8
	原像攻击	2	8
	区分攻击	24	100
Keccak - 512	碰撞攻击	3	12.5
	区分攻击	24	100

　　SM3 杂凑算法适用于商用密码应用中的数字签名和验证、消息认证码的生成与验证以及随机数的生成。当前，SM3 杂凑算法已成为我国电子认证、网络安全通信、云计算与大数据安全等领域的基础性密码算法。

习　　题

　　1. 认证函数可以用哪些方法产生？

　　2. 认证的功能是什么？

　　3. 什么是消息认证码？它可以实现什么功能？

　　4. 如何将公钥密码用于认证？

　　5. 消息认证码与 Hash 函数的区别是什么？

　　6. 对 Hash 函数有哪些要求？

　　7. 与对称密码相比，使用 Hash 函数构造消息认证码的优点是什么？

　　8. 生日攻击的原理是什么？简述如何利用生日攻击来攻击 Hash 函数。

　　9. 什么是 MD 结构？其优点是什么？

　　10. MD5、SHA - 1 和 SM3 算法的消息分组长度和散列值长度分别是多少？

　　11. MD5 中使用的基本算术和逻辑函数是什么？

　　12. 对 SM3 算法，输入消息"abcd"，其 ASCII 码表示为"61626364"，求其填充后的消息(用十六进制表示)。

第 9 章　密 钥 管 理

在密码体制中，密钥是密码通信安全的关键要素，密钥的安全管理也成为密码系统的核心问题之一。密钥管理涉及密钥在产生、分配、存储、验证和使用过程中面临的各种问题。本章分别介绍对称密码的密钥管理、公钥密码的密钥管理，以及秘密共享等内容，重点是公钥基础设施和秘密共享方案。

9.1　对称密码的密钥管理

9.1.1　密钥分配的基本方法

对称密码系统中，通信双方在进行保密通信之前，必须共享一个保密的密钥，因此密钥分配成为系统正常运行的关键环节。共享密钥的主要方法包括：

（1）由一方选取密钥并通过秘密信道发送给另一方；

（2）第三方选取密钥并通过秘密信道分别发送给通信双方；

（3）如果之前已经共享一密钥，则其中一方选取新密钥后，用已有的共享密钥加密新密钥并发送给另一方。

此外，还可以利用 Diffie-Hellman 密钥协商来分配对称密码的密钥。

9.1.2　用公钥密码分配对称密码的密钥

在实际的网络应用中，可以将公钥密码与对称密码的优势相结合，利用公钥密码来分配对称密码的密钥，这称为混合加密，又称数字信封。它包含两个模块：公钥模块，又称密钥封装机制（Key Encapsulation Mechnism，KEM），主要用于产生对称密钥；对称模块，又称数据封装机制（Data Encapsulation Mechnism，DEM），主要用于消息的对称加密。

混合加密方案既保留了对称密码加密速度快的优势，又充分利用公钥密码方便的密钥管理机制，它被广泛应用于互联网安全协议，包括传输层的安全套接协议与传输层安全协议等。

那么，混合加密是怎样实现的呢？

1979 年，Merkle 提出了一种简单的混合加密方法（见图 9-1）。

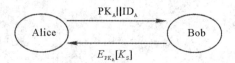

图 9-1　一种简单的混合加密

基本步骤如下：

（1）Alice 产生公钥/私钥对$\{PK_A, SK_A\}$，将 PK_A 和 Alice 的身份标识 ID_A 发给 Bob；

（2）Bob 产生密钥 K_S，用 Alice 的公钥 PK_A 加密后发给 Alice；

（3）Alice 解密得到 K_S。

这种方案的优点是简单，缺点是易受中间人攻击（见图 9-2）。如果存在中间人 Carol，截获了 Alice 发给 Bob 的消息 $PK_A \parallel ID_A$，他可将 PK_A 替换为自己的公钥 PK_M，即发送 $PK_M \parallel ID_A$ 给 Bob，此时 Bob 将用 PK_M 来加密密钥 K_S。为了不让 Alice 察觉，Carol 还可先将 K_S 用自己的私钥解密，再用 Alice 的公钥加密并传给 Alice。此时虽然 Alice 与 Bob 共享了密钥 K_S，但这个密钥已经泄露给了 Carol。

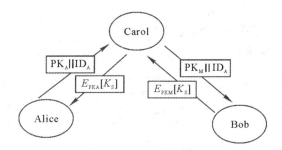

图 9-2　针对简单混合加密方案的中间人攻击

为了避免上述攻击，可以在密钥分配协议中加入认证机制。

9.2　公钥密码的密钥管理

9.2.1　公钥分配的基本方法

公钥密码的密钥分为两部分，公开的加密密钥和秘密的解密密钥。为了将用户的加密密钥公开，可以采用如下方法。

1. 公开发布

用户生成一对密钥后，将公钥直接发送给另一方或者广播出去，这是最简单的一种方法。

2. 公钥目录

公钥目录属于集中式的密钥管理。系统中保存着可被所有用户访问的动态目录，由一个可信实体（称为管理员）负责目录的维护。管理员为每个用户建立一个目录项（〈姓名，公钥〉），用户与管理员联系，注册公钥。用户可以根据需要更新公钥，管理员则定期更新目录。

这种方式的优点是解决了公开发布中可能存在的假冒问题，缺点是如果攻击者获得了管理员私钥，则可以假冒任何用户，还可以非法窜改目录信息。

3. 公钥授权

这种方法与公钥目录相似，也需要有一个管理员为各用户建立并维护动态的公钥目录，每个用户都知道管理员的公开密钥，而只有管理员自己掌握着相应的私钥。

假设 Alice 要与 Bob 通信，为了获得 Bob 的公钥，需要执行以下步骤（如图 9 - 3 所示）：

（1）Alice 发送一个带时间戳的消息，请求获取 Bob 的公钥 Request ‖ Time1；

（2）管理员对该请求作出响应，返回 Bob 的公钥，后面附上 Alice 发送的消息（1），并用管理员私钥 SK_M 加密 $E_{SK_M}[PK_B \parallel Request \parallel Time1]$；

（3）Alice 向 Bob 发送消息 $E_{PK_B}[ID_A \parallel N_1]$；

（4）Bob 向管理员检索 Alice 的公钥 Request ‖ Time2；

（5）Bob 从管理员处得到 Alice 的公钥 $E_{SK_M}[PK_A \parallel Request \parallel Time2]$；

（6）Bob 对自己的身份进行确认 $E_{PK_A}[N_1 \parallel N_2]$；

（7）Alice 对自己的身份进行确认：$E_{PK_B}[N_2]$。

其中 Time1、Time2 为时间戳，N_1、N_2 为随机数。

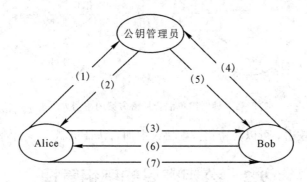

图 9 - 3　公钥授权系统

与公钥目录相比，公钥授权对于公钥分配有更严格的控制，安全性有所增强。但上述过程显然过于烦琐，而且管理员会成为系统的瓶颈，此外公钥目录也有可能被攻击者窜改。为了进一步提高安全性，同时简化公钥密码的使用，人们构造了基于证书的公钥管理。

4. 基于证书的公钥管理

各个通信方使用证书来交换密钥，证书中包含公钥和其他信息，证书由管理员产生并签名。用户通过公钥证书相互交换自己的公钥，无须与公钥管理机构联系。公钥证书由证书管理机构（Certificate Authority，CA）建立，其中的数据项包含用户公钥、用户身份、证书有效期等，这些数据项经管理机构签名后形成证书。

公钥证书的基本形式如下：

$$CA = E_{SK_M}[T, ID_A, PK_A]$$

其中 T 是时间戳，E_{SK_M} 是管理机构（CA）的私钥，ID_A 为用户身份，PK_A 是用户公钥。用户将自己的公钥通过证书发送给另一用户后，接收方可用 CA 的公钥对证书进行验证。

对于证书系统的要求包括：

（1）所有用户均能读取证书并确定证书拥有者的姓名和公钥；

（2）所有用户均可验证该证书的签发者；

（3）只有管理机构才可以生成并更新证书；

（4）所有用户均可验证证书的时效性。

公钥基础设施(PKI)正是从基于证书的思想出发而构造的。

9.2.2　公钥基础设施

1. PKI 概述

公钥密码体制的应用需要一个可靠的平台来完成如用户的管理、密钥的分发、仲裁认证等一系列的工作，公钥基础设施(PKI)正是这样的一个平台。它是 20 世纪 80 年代由美国学者提出的概念，是信息安全基础设施的一个重要组成部分。

PKI 技术的本质是把非对称密码的密钥管理标准化，它通过引入 CA、数字证书、LDAP(Lightweight Directory Access Protocol，轻量目录访问协议)、CRL、OCSP 等技术并制定相应标准，为用户提供方便的证书申请、证书作废、证书获取、证书状态查询等服务，实现数字通信中各实体的身份认证。可以说，PKI 有效地解决了非对称密钥管理技术应用的棘手问题，促进并提高了证书应用的规范性，为实施电子商务、电子政务、办公自动化等提供了可靠的安全保证，进而帮助人们构建起一个可管、可控、安全的互联网。

2. PKI 体系结构

1) 相关的标准

PKI 是一个庞大的体系，涉及以下一些相关标准：

（1）X.509 系列标准。

X.509 是由国际电信联盟(ITU－T)制定的数字证书标准，最初版本公布于 1988 年。X.509 证书由用户公共密钥和用户标识符组成，还包括版本号、证书序列号、CA 标识符、签名算法标识、签发者名称、证书有效期等信息。

X.509 相继推出了一系列标准文档，形成了 X.509 系列标准，主要对 PKI 在互联网上的安全应用作了详细规定，现在已成为 PKI 最重要的技术标准。基于 X.509 的 PKI 标准称为 PKIX。

（2）PKCS 系列标准。

PKCS 是一套针对 PKI 体系的加解密、签名、密钥交换、分发格式及行为的标准，该标准的制定为 PKI 的研究和应用奠定了基础，后续产生的其他 PKI 标准基本遵循 PKCS 的框架。

（3）LDAP 标准。

LDAP(RFC1487)基于 X.500 目录访问协议，在功能性、数据表示、编码和传输方面都进行了相应的修改。1997 年，LDAPv3 版本成为互联网标准。目前，LDAPv3 已经在 PKI 体系中被广泛应用于证书信息发布、CRL(Certificate Revocation List，证书吊销列表)信息发布、CA 政策以及与信息发布相关的各个方面。

（4）OCSP 标准。

OCSP(Online Certificate Status Protocol)是 IETF 颁布的用于检查数字证书在某一交易时刻是否仍然有效的标准。该标准为 PKI 用户提供了方便快捷的数字证书状态查询方式，使 PKI 体系能够更有效、更安全地在各个领域中被广泛应用。

除了以上标准外，在 PKI 体系中还涉及其他一些规范，如 ASN.1 描述了在网络上传输信息格式的标准语法，X.500 用来唯一标识一个实体(机构、组织、个人或一台服务器)，是实现目录服务的最佳途径。

还有许多基于 PKI 体系的网络安全应用协议，包括 SET 协议、SSL 协议和 SMIME 协议等。目前 PKI 体系中已经包含了众多的标准和标准协议，各种协议相互依存、相互补充，形成了一组庞大的协议体系。

2) PKI 的体系结构模块

图 9-4 描述了 PKI 基本组件的逻辑模型。其中关键组件包括：证书认证中心(Certificate Authority，CA)、审核注册中心(Registration Authority，RA)和密钥管理中心(Key Manager，KM)。

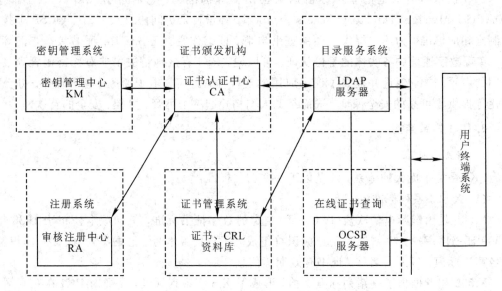

图 9-4　PKI 基本组件的逻辑模型

(1) 证书认证中心(CA)。

CA 是 PKI 的核心执行机构，是 PKI 的主要组成部分。它包含 CA 管理服务器、证书签发服务器、证书库备份管理、历史证书管理、证书目录服务、证书状态在线查询、时间戳服务系统、CA 审计系统、CA 交叉认证系统、Web 服务器、CA 安全管理系统等。

CA 的主要职责如下：

① 验证并标识证书申请者的身份。对证书申请者的身份信息、申请证书的目的等进行审查，确保与证书绑定的身份信息的正确性。

② 确保 CA 签名密钥的安全性。CA 的签名密钥具有较高的质量，一般由硬件产生，在使用中保证私钥不出卡。

③ 管理证书信息资料。管理证书序号和 CA 标识，确保证书主体标识的唯一性，防止证书主体名字重复。在证书使用中确定并检查证书的有效期，保证不使用过期或已作废的证书，确保网上交易的安全。发布和维护作废证书列表(CRL)，因某种原因证书要作废的，就必须将其作为"黑名单"发布在证书作废列表中，以供交易时在线查询，防止发生交易风险。对已签发证书的使用全过程进行监视跟踪，做全程日志记录，以备发生交易争端时，提供公证依据，参与仲裁。

由此可见，CA 是保证电子商务、电子政务、网上银行、网上证券等交易的权威性以及可信任性和公正性的第三方机构。

（2）证书和证书库。

证书是数字证书或电子证书的简称，它符合 X.509 标准，是网上实体身份的证明。证书是由具备权威性、可信任性和公正性的第三方机构签发的，因此它是权威性的电子文档。

证书库是 CA 颁发证书和撤销证书的集中存放地，它是网上的公共信息库，可供公众进行开放式查询。一般来说，查询的目的有两个：其一是得到与之通信实体的公钥；其二是验证通信对方的证书是否已进入"黑名单"。证书库支持分布式存放，即可以采用数据库镜像技术，将 CA 签发的证书中与本组织有关的证书和证书撤销列表存放到本地，以提高证书的查询效率，减少向总目录查询的瓶颈。

（3）密钥备份及恢复。

密钥备份及恢复是密钥管理的主要内容，用户可能由于某些原因将解密密钥丢失，从而使已被加密的密文无法解开。为避免这种情况的发生，PKI 提供了密钥备份与密钥恢复机制：当用户证书生成时，加密密钥即被 CA 备份存储；当需要恢复时，用户只需向 CA 提出申请，CA 就会为用户自动进行恢复。

（4）密钥和证书的更新。

一个证书的有效期是有限的，在实际应用中，长期使用同一个密钥将面临着被破译的危险，因此为了保证安全，证书和密钥必须有一定的更换频度。为此，PKI 对已发的证书必须有一个更换措施，这个过程称为"密钥更新或证书更新"。

证书更新一般由 PKI 系统自动完成，不需要用户干预。在用户使用证书过程中，PKI 也会自动到目录服务器中检查证书的有效期，从而确保在有效期结束之前，PKI/CA 会自动启动更新程序，生成一个新证书来代替旧证书。

（5）证书历史档案。

从以上密钥更新的过程不难看出，经过一段时间后，每一个用户都会形成多个旧证书和至少一个当前新证书。这一系列旧证书和相应的私钥就组成了用户密钥和证书的历史档案。记录整个密钥历史是非常重要的。例如，某用户几年前用自己的公钥加密的数据或者其他人用自己的公钥加密的数据无法用现在的私钥解密，那么该用户就必须从其密钥历史档案中查找到几年前的私钥来解密数据。

（6）客户端软件。

为方便操作，解决 PKI 的应用问题，系统中的用户需要安装客户端软件来实现数字签名、加密传输数据等功能。此外，客户端软件还负责在认证过程中，查询证书和相关证书的撤销信息以及进行证书路径处理、对特定文档提供时间戳请求等。

3. PKI 信任模型

在 PKI 中，"信任"是沿着验证路径，即证书链传递的。验证某个数字签名时，需要对证书链上一系列数字证书上的签名进行验证，直到达到某个信任的 CA 证书为止。为方便设计和理解，PKI 引入了"信任模型"，用于描述和分析同一 CA 管理域内部或不同 CA 管理域之间信任关系的建立和传递过程。

PKI 信任模型可分为以下三类：

（1）严格层次信任模型（也称根 CA 信任模型）。该信任模型下，CA 中心可以分为多级，用户证书由 CA 中心签发，各级 CA 中心之间呈现严格的层次关系，最上级 CA 中心只有一个，称作根 CA，其他 CA 称作子 CA。通常情况下，根 CA 不向用户直接颁发证书，而是向下级 CA 颁发证书，每个下级 CA 可把证书颁发给它的用户或更下一级的 CA。

（2）分布式信任模型。与严格层次信任模型中的所有实体都信任唯一 CA 相反，分布式信任模型把信任起点分布在两个或多个 CA 上。在分布式信任模型中，CA 间存在着交叉认证。因为存在多个信任起点，单个 CA 安全性的削弱不会影响到整个 PKI，因此该信任模型具有更好的灵活性和稳定性。

（3）交叉认证信任模型。可在多个 PKI 域之间实现互操作。在该信任模型下，根 CA 之间可以直接或通过引入独立的桥 CA 中心，互相签发交叉认证证书，而子 CA 之间通常不签发交叉认证证书。此外还可让多个根 CA 互相签发根证书，这样当不同 PKI 域中的终端用户沿着不同的认证链检验认证到根时，就能实现信任。交叉认证信任模型通过将信任关系传递到其他 CA 管理域，使不同用户群体之间的安全通信成为可能，而且能保持其原有的区域信任模型。

9.3　秘　密　共　享

9.3.1　秘密共享与门限方案

秘密共享（Secret Sharing）是一种将秘密分割的密码技术，目的是阻止秘密过于集中，以达到分散风险的目的。秘密共享思想源于"分权"的思想。古代皇帝利用虎符掌管兵权。虎符分为两半，一半掌握在皇帝手中，一半掌握在将军手中。只有当皇帝将虎符交给将军时，两半虎符合二为一，将军才能调兵遣将。分权思想延续至今——在核导弹发射、保密重地通行等场景中，必须由两人或多人同时参与才能生效，此时都需将秘密分给多人掌管，且必须有一定数量的秘密掌管人同时到场才能恢复秘密。

密码学中的秘密共享是一种在多个参与方之间共享秘密 s 的策略。设参与方集合为 $P = \{P_1, P_2, \cdots, P_n\}$，则根据一定的共享方案可计算出每个参与方得到的信息，记作 $\{s_1, \cdots, s_n\}$，其中 s_i 由参与方 P_i 秘密保存，称为一个份额或影子（Share/Shadow），只有 P 的某些特定的子集集合 $\Gamma \subseteq 2^P$，才能利用其掌握的份额集合重构秘密，这些子集构成的集合被称为访问结构或存取结构（Access Structure，AS）。

秘密共享的实现可归结为 (k, n) 门限方案的构造。1979 年 Shamir 和 Blakley 分别利用有限域上的插值多项式和有限域上的超平面构造了 (k, n) 门限方案，开创了秘密共享研究之先河。此后，又出现了 McElience 的基于编码的门限方案、基于中国剩余定理的 Asmuth-Bloom 方案等。

定义 9-1　设 s 为来自有限集 S 的某一秘密数据，又设 n 个参与者各自拥有份额 s_i，$i = 1, 2, \cdots, n$，集合 $\{s_i\}_{i=1}^n$ 称为一个 (k, n) 门限方案，假设以下两个条件成立：

（1）利用任意 k 个不同的份额均可方便地求得 s；

（2）利用任意小于 k 个不同的份额都无法有效地求得 s，

这里的 k 称为门限值。

如果从少于 k 个参与者持有的份额中得不到秘密 s 的任何信息，则称这个方案是一个完备的秘密共享(Perfect Secret Sharing)。

最具代表性的两个 (k, n) 门限方案是 Shamir 门限方案和 Blakley 门限方案。

9.3.2　Shamir 门限方案

Shamir 门限方案是利用多项式的 Lagrange 插值公式构造的。

插值是一个基本的数值分析问题：已知函数 $g(x)$ 在 k 个互不相同的点的函数值为 $g(x_i)(i=1, \cdots, k)$，构造一个满足 $f(x_i)=g(x_i)$ 的函数 $f(x)$ 来逼近 $g(x)$，$f(x)$ 就称为 $g(x)$ 的插值函数。

Lagrange 插值定义如下。

已知 $g(x)$ 在 k 个互不相同的点的函数值为 $g(x_i)(i=1, \cdots, k)$，则可构造 $k-1$ 次插值多项式为

$$f(x) = \sum_{i=1}^{k} g(x_j) \prod_{\substack{j=1 \\ j \neq i}}^{k} \frac{(x-x_i)}{(x_j-x_i)}$$

上式即为 Lagrange 插值多项式。其基本原理就是利用 $k-1$ 次多项式 $f(x)$ 在 k 个互不相同的点的函数值来重构出多项式 $f(x)$。

从上述数学原理出发，Shamir 构造了如下的 (k, n) 门限方案：

设 q 为素数的幂，要共享的秘密 $s \in GF(q)$，选择 $GF(q)$ 上的 $k-1$ 次多项式 $f(x)$，使得 $f(x)=s+a_1x+a_2x^2+\cdots+a_{k-1}x^{k-1}$，其中 $a_i \in GF(q)$，$i=1, 2, \cdots, k-1$，且 $a_{k-1} \neq 0$。对 n 个互不相同的 a_i，$i=1, \cdots, n$，计算 $s_i=f(a_i)$，则集合 $\{s_i\}_{i=1}^{n}$ 构成一个 (k, n) 门限方案。

证明：假设 k 个参与者提供了 k 个份额 s_i，$i=1, 2, \cdots, k$，则根据 Lagrange 插值公式，有

$$f(x) = \sum_{i=1}^{k} s_i \prod_{\substack{j=1 \\ j \neq i}}^{k} \frac{x-a_j}{a_i-a_j}$$

进而可求出 $f(x)$ 的常数项，即秘密 $s=f(0)$，并且每个参与方均可利用自己掌握的份额 s_i 来验证求出的 $f(x)$ 是否正确，从而可以发现其他参与方的欺骗行为。

另一方面，当份额数量 $r<k$ 时，要确定 $k-1$ 次多项式 $f(x)$ 的全部系数，必须另外找到 $k-r$ 个插值点，这需要在有限域 $GF(q)$ 中搜索 q^{k-r} 次，从而存在 q^{k-r} 个多项式 $f(x)$ 满足 $f(a_i)=s_i$，$i=1, 2, \cdots, r$，因而确定秘密数据 s 的取值成为一个计算上困难的问题。证毕。

这种方案具有如下特点：

(1) 在参与者集合中成员总数不超过 q 的条件下可以增加新成员，即计算新的秘密份额不会改变已有的秘密份额；

(2) 通过选用常数项不变的另一个新的 $k-1$ 次多项式，可以撤销旧的秘密份额；

(3) 可以根据成员的重要性分给不同数量的份额，实现分级的秘密共享；

(4) 恢复秘密 s 的算法是多项式时间的，其时间复杂度为 $O(t^3)$。

例 9 - 1　设 $q=19$，$k=3$，$n=5$，秘密 $s=6$，选择有限域 $GF(19)$ 上的 2 次多项式为

$$f(x) = x^2 + x + 6$$

密钥分配过程：

令 $i=1,2,3,4,5$，将 i 分别代入多项式 $f(x)$，分别求出 5 个秘密份额为 8,12,18,7,17。

密钥恢复过程：

设第 1,3,5 个用户提供了自己的份额，按照 Lagrange 插值多项式计算 $f(x)$ 如下：

$$f(x) = \sum_{i=1}^{k} d_i \prod_{\substack{j=1 \\ j \neq i}}^{k} \frac{x-a_j}{a_i-a_j}$$

$$=8 \times \frac{x-3}{1-3} \cdot \frac{x-5}{1-5} + 18 \times \frac{x-1}{3-1} \cdot \frac{x-5}{3-5} + 17 \times \frac{x-1}{5-1} \cdot \frac{x-3}{5-3}$$

$$=8 \times 9 \times 14(x-3)(x-5) + 9 \times 9(x-1)(x-5) + 17 \times 12(x-1)(x-3)$$

$$=x^2 + x + 6$$

9.3.3　Blakley 门限方案

Blakley 利用有限域上的超平面构造了一类门限，方案如下：

设参与方集合为 $P = \{P_1, P_2, \cdots, P_n\}$，仲裁者为 D，$\mathbf{V}$ 为 $GF(q)$ 上的 k 维向量，其中 q 为素数幂，可以通过以下步骤构造 (k,n) 门限方案：

(1) D 固定 $\mathbf{V}$ 中的一条线 l，将其对所有参与者公开，而 l 上的所有 q 个点即为 q 个可能的秘密值；

(2) 设秘密为 p，D 首先随机地构造 $k-1$ 维子空间 H，H 与 l 相交于某个点，然后 D 构造超平面 $H_p = H + p$，注意 $H_p \bigcap l = p$；

(3) D 在 H_p 中随机选择 n 个点 s_i，$i=1,2,\cdots,n$，使得集合 $\{p\} \bigcup \{s_i : i=1,2,\cdots,n\}$ 中的任意 $j (j \leqslant k)$ 个点不会位于同一个 $j-2$ 维超平面中；

(4) D 将 s_i 作为秘密份额分发给 P_i，$i=1,2,\cdots,n$。

假设有 k 个参与者提供了份额，则可以唯一确定超平面 H_p，再通过计算 $H_p \bigcap l$ 就能得到原始秘密 p。然而任意 $k'(k' < k)$ 个参与者只能由其份额构造出 $k'-1$ 维超平面 F，且 F 包含在 H_p 中，对于 l 中的任意一个点 p'，存在超平面 $H_{p'}$ 的同时也包含了 F 和 p'，因此 k' 个参与者将得不到 p 的任何信息。

Blakley 门限方案也可以用线性方程组来阐述：设要共享的秘密为 k 个数字 $(a_1, a_2, a_3, \cdots, a_k)$，构造一个 k 元线性方程组，使其解为 $(a_1, a_2, a_3, \cdots, a_k)$，将方程组的系数分发给 $n(n \geqslant k)$ 个不同的人，恢复秘密时，只需要 n 个人中任意 k 个贡献出自己的系数，构成一个方程组，通过解这个方程组即可恢复秘密。

具体实现方法如下：

设 p 为素数，共享的秘密 $(a_1, a_2, a_3, \cdots, a_k) \in Z_p^k$，随机选择一个 k 元多项式 $f(x) = a_1 x_1 + a_2 x_2 + \cdots + a_k x_k \in Z_p[x]$，给 $n(n < p)$ 个共享者 $P_i (1 \leqslant i \leqslant n)$ 分配秘密份额时，首先在 Z_p 中选择 n 个非零且互不相同的元素 $x_{i1}, x_{i2}, \cdots, x_{ik}$，并计算 $y_i = f(x_{ij})$，$1 \leqslant i \leqslant n$，再将 $(x_{i1}, x_{i2}, \cdots, x_{ik}, y_i)(1 \leqslant i \leqslant n)$ 分配给共享者 $P_i (1 \leqslant i \leqslant n)$。此时，任意 k 个共享者合作可重构出秘密，但从少于 k 个份额中无法确定 $f(x)$，从而无法确定秘密。

例 9 - 2　设 $p=23$，$k=3$，$n=4$，共享的秘密为 $(12,34,56)$，选择多项式 $f(x_1, x_2, x_3) = 12x_1 + 34x_2 + 56x_3$，然后随机选择 $(x_{i1}, x_{i2}, x_{i3})(i=1,2,3,4)$，将其代入 f 中求

值，如：

$$y_1 = f(5, 3, 1) = 11, \quad y_2 = f(1, 1, 2) = 20, \quad y_3 = f(2, 2, 1) = 10, \quad y_4 = f(1, 4, 2) = 7$$

将$(x_{i1}, x_{i2}, \cdots, x_{ik}, y_i)$这四组数字分别发给4个参与方。实际上相当于每人拥有一个线性方程 $f(x_{i1}, x_{i2}, x_{i3}) = y_i$，而4个人中任意3个人参与即可构造一个三元方程组，求解此方程组，即可恢复秘密。

9.4 量子密钥分发

2016年8月"墨子号"量子科学实验卫星成功升空（见图9-5），使量子这个物理学名词走进了大众视野。2017年9月，世界上首条量子保密通信干线——"京沪干线"正式开通（见图9-6），这标志着量子密码技术已经从实验室走向了产业化。

图9-5 "墨子号"

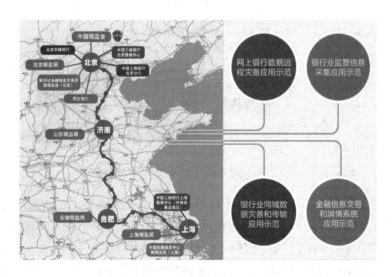

图9-6 京沪干线

　　那么，究竟什么是量子密码呢？

　　量子密码，更确切的名称是"量子密钥分发"，即利用量子的性质来传递传统密码中使用的密钥，这样传递的密钥即使有人窃听也不会泄密，从而构造出一个真正的秘密信道。

　　所谓量子，是指能量的基本单位。一个量子携带的能量等于它的频率乘以普朗克常数，即

$$e = hf$$

其中 f 是量子的频率，而 h 为普朗克常数（$h = 6.63 \times 10^{-34} \text{J} \cdot \text{s}$）。我们平常所说的电子、光子等都是量子。

　　量子有一个重要属性，就是"测不准"。在我们所熟悉的世界里，对物体的某个性质进行测量，比如对长度、温度、质量的测量，这个测量结果在误差允许范围内是基本确定的。但是在量子世界里，事情就完全不同了。光子有一个属性叫"偏振"，可以把它想象成是光子振动的方向。现在对这个偏振方向进行测量（见图9-7）。实际上，偏振方向可能是任何角度，但是无论什么角度都可以表示为两个相互垂直方向的叠加，这两个方向称为测量基（见图9-8），比如水平和竖直，或左右偏转45°。选什么样的测量基由测量者自己决定。

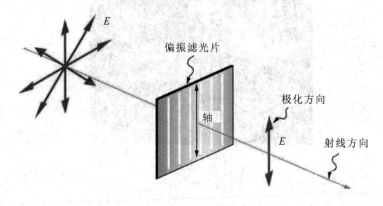

图9-7　量子世界中的测量

图9-8　测量基

　　选定了测量基之后，就可以利用量子的偏振方向来表示信息：比如规定偏振方向向右"→"代表1，向上"↑"代表0，不妨把这种测量方式称为模式一；也可以规定45°的方向，箭头向右上"↗"代表0，右下"↘"代表1，这种方式称为模式二。

　　在实际测量时，所选择的测量方式影响着测量结果（见图9-9）。举个例子，假设一个光子的偏振方向是向右（"→"）或向上（"↑"），那么用模式一测量，得到的结果是准确的，

而用模式二测量时，会随机得到右上（"↗"）或者右下（"↘"）的结果，而且两种可能性各占一半。同理，如果有一个光子偏振方向本来是右上（"↗"）或者右下（"↘"），现在用模式二去测量它，结果是正确的，而用模式一测量时，就会等概率地得到向右（"→"）或向上（"↑"）的结果。总而言之，对量子态进行测量之后，它有可能变成另一个状态。这就是著名的"海森堡测不准原理"。

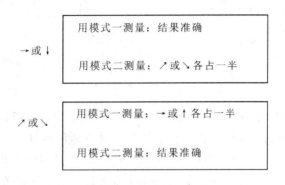

图 9 - 9　测量基对测量结果的影响

根据量子的这个性质，可以设计一种秘密传递密钥的方法，过程如下：

发送者 Alice 随机生成一串密钥，假设是 0100，同时对每个比特（注意是每个比特）都随机选择一种测量模式，然后发出一个光子，用其偏振方向来表示这个比特。

比如对第一个 0 选择模式一，则 Alice 发出一个偏振方向为向上"↑"的光子给 Bob，如图 9 - 10 所示。Bob 收到了这个光子之后，因为并不知道 Alice 选择了什么模式，所以只能随机选择一种模式来测量。如果 Bob 恰好选择了与 Alice 相同的模式一，则测量结果是准确的，偏振方向为向上"↑"，于是 Bob 记录这个比特为 0。如果不巧 Bob 选择了模式二，则测量结果为右上"↗"或者右下"↘"的可能性各占一半，从而他记录 0 和 1 的概率也各占一半。

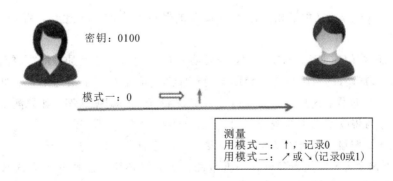

图 9 - 10　第一个比特的发送与接收

Alice 就用这种方式把四个比特全部发出去，Bob 接收后进行测量，也得到四个比特，如图 9 - 11 所示。Alice 起初要发送 0100，选择的模式依次为 1122，假设 Bob 选择的测量模式为 1221，只有两个跟 Alice 是一致的，那么测量之后，Bob 得到的四个比特也只有两个是完全准确的,另两个随机。

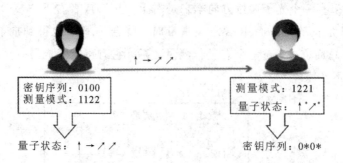

图 9-11　四个量子比特的发送与接收

但是 Bob 并不知道哪个比特是准确的,所以双方还要用传统通信方式建立联系,相互通报各自使用的测量模式。比如 Alice 打电话告诉 Bob 她的测量模式是 1122,Bob 将其与自己的模式进行比较,发现第一个和第三个是一致的,于是只留下第一、三比特,把另两个丢弃。同理,Bob 告诉 Alice 测量模式,Alice 也比较一番,在发送的四个比特中也只留下第一、三比特,如图 9-12 所示。

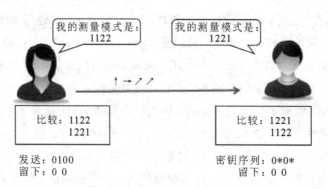

图 9-12　模式比较

Alice 和 Bob 碰巧采用了相同测量方式而被保留下来的两个比特,就是 Alice 与 Bob 共享的密钥。

为了论证这样传递密钥的安全性,需要使用量子的另一个性质,即"只能测一次"。在传统通信中,窃听者的窃听行为不会影响通信本身。但是在量子信道上,窃听这个行为本身就会干扰通信过程。这里的窃听实际上就是测量光子的偏振状态,如果测量模式选得不对,则测量行为将改变光子的偏振方向。

举个例子,假设 Alice 选择模式一,发送了一个向上"↑"的光子给 Bob,现在窃听者 Carol 截获了这个光子,他想知道其中携带的信息,就必须也选择一种模式来测量光子的偏振方向,如图 9-13 所示。

如果 Carol 选择了模式一,测量结果是向上"↑",同时不改变偏振方向;而当 Carol 选择模式二时,测量结果随机为右上"↗"或者右下"↘",并且完全改变了这个光子的偏振状态,把它变成了一个右上"↗"或者右下"↘"的光子,两种可能性各占一半。

当这个被窃听过的光子传给 Bob 之后,即便他选择了与 Alice 相同的模式,测量结果也不可能百分之百为向上"↑"，而是有一半的概率测出右上"↗"或者右下"↘"，就是说，在模式二下等可能地取 0 或 1。这样 Alice 和 Bob 的密钥序列必然不同，具体而言，大约有 1/4 是不同的。这就是窃听行为留下的"证据"。

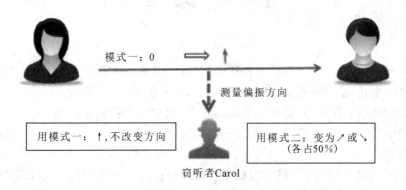

（Carol 有一半的可能性改变光子状态，将其变为↗或↘的可能性又各占一半）

图 9-13　窃听行为对光子偏振状态的影响

　　因此，为了发现窃听者，Alice 和 Bob 在传递了密钥序列和测量模式之后，还需要利用经典通信方式，对一部分密钥进行对照，如果发现两人的密钥是不同的，则可以断定通信被窃听了。从而之前传递的密钥全部作废，需要另传一串新的密钥。

　　上述全部过程就是"量子密钥分发"，它是 1984 年由 Charles Bennett(查理斯·本内特)和 Gilles Brassard(吉勒·布拉萨)构造的，被称为 BB84 协议。利用这个协议，可以有效地发现窃听，从而构造出一个真正安全的秘密信道，实现 Shannon 设想的完全保密的密码通信。

　　在 BB84 协议的基础上，世界上许多国家都开始建设基于量子密钥分发的保密通信网，而我国在这个领域走在了世界前列。"墨子号"科学实验卫星的发射，为建成覆盖全球的量子通信网络迈出了关键的一步，它可以在卫星与地面之间进行高速量子密钥分发，并在此基础上实现广域量子通信网络，为建设覆盖全球的天地一体化量子通信网奠定了技术基础。

习　　题

　　1. 什么是密钥管理？对称密码和公钥密码的密钥管理分别侧重于哪些方面？

　　2. 混合加密的原理是什么？它有哪些优点？

　　3. 基于证书的公钥管理有何种优点？

　　4. 简述 PKI 体系结构。

　　5. 什么是 CA？其主要功能是什么？

　　6. 利用有限域 GF(23)上的 4 次多项式 $f(x)$ 构造(5，8)门限方案，假设第 i 个用户 ($1 \leqslant i \leqslant 8$)的秘密份额为 $f(i)$，现在第 1、2、3、5、7 个用户分别提供了自己的份额为 3，9，2，6，1，试恢复共享的秘密。

　　7. 简述量子密钥分发过程。

参 考 文 献

［1］　张薇，杨晓元，韩益亮. 密码基础理论与协议. 北京：清华大学出版社，2012.

［2］　潘承洞，潘承彪. 初等数论. 2 版. 北京：北京大学出版社，2003.

［3］　李晖，李丽香，邵帅. 对称密码学及其应用. 北京：北京邮电大学出版社，2009.

［4］　GOLDREICH O. 计算复杂性. 张薇，韩益亮，杨晓元，译. 北京：国防工业出版社，2015.

［5］　KATZ J，LINDELL Y. 现代密码学：原理与协议. 任伟，译. 北京：国防工业出版社，2012.

［6］　杨波. 现代密码学. 4 版. 北京：清华大学出版社，2017.

［7］　万哲先. 代数导引. 2 版. 北京：科学出版社，2010.

［8］　DAEMAN J，RIJMEN V. 高级加密标准（AES）算法：Rijndael 的设计［M］. 谷大武，徐胜波，译. 北京：清华大学出版社，2003.

［9］　FERGUSON N，KELSEY J，LUCKS S，et al. Improved Cryptanalysis of Rijndael. Fast Software Encryption-FSE 2000，LNCS 1978，Springer-Verlag，2001. 213 – 230.

［10］　BOGDANOV A，KHOVRATOVICH D，RECHBERGER C. Biclique Cryptaanalysis of the Full AES. AsiaCrypt 2011，LNCS 7032，Springer-verlag，2011，23 – 29.

［11］　SU B，WU W，ZHANG W. Security of the SMS4 Block Cipher against Differential Cryptanalysis［J］. In：Journal of Computer Science and Technology，Springer-verlag，2011，26(1)：130 – 138.

［12］　LIU M J，CHEN J Z. Improved Linear Attacks on the Chinese Block Cipher Standard［J］. In：Journal of Computer Science and Technology，Springer-verlag，2014，29(6)：1123 – 1133.

［13］　LU J. Attacking Reduced-Round Versions of the SMS4 Block Cipher in the Chinese WAPI Standard［J］. In：Proceedings of ICICS 2007，Springer-verlag，2007：306 – 218.

［14］　牟宁波. 基于格困难问题的公钥加密算法的设计与安全性证明. 西安电子科技大学博士学位论文，2009.